表面活性剂在溶浸采矿中的应用

艾纯明　齐消寒　尹升华　著

U0324196

中国矿业大学出版社

内 容 提 要

在溶浸采矿中,矿石与溶液发生有效接触是实现矿物浸出的关键前提。本书以浸出体系固液相互作用为理论基础,以表面活性剂为强化矿石浸出的技术手段,以改善矿堆渗透性、提高矿石浸出效率为目的开展研究。通过研究,构建了溶液和矿石之间固液接触作用的热力学模型,探明了矿石润湿性能对表面活性剂的响应特征,揭示了表面活性剂强化矿石浸出的试验规律。

本书可供从事溶浸采矿、湿法冶金及选矿领域的研究人员、工程技术人员和高等院校相关专业师生阅读和参考使用。

图书在版编目(C I P)数据

表面活性剂在溶浸采矿中的应用 / 艾纯明,齐消寒,尹升华著.—徐州 :中国矿业大学出版社,2019.4

ISBN 978-7-5646-4416-1

Ⅰ.①表… Ⅱ.①艾… ②齐… ③尹… Ⅲ.①表面活性剂-应用-溶浸采矿 Ⅳ.①TD853.38

中国版本图书馆 CIP 数据核字(2019)第 081966 号

书 名	**表面活性剂在溶浸采矿中的应用**
著 者	艾纯明 齐消寒 尹升华
责任编辑	满建康
出版发行	中国矿业大学出版社有限责任公司
	(江苏省徐州市解放南路 邮编 221008)
营销热线	(0516)83884103 83885105
出版服务	(0516)83995789 83884920
网 址	http://www.cumtp.com E-mail:cumtpvip@cumtp.com
印 刷	徐州中矿大印发科技有限公司
开 本	787 mm×960 mm 1/16 **印张** 10 **字数** 190 千字
版次印次	2019 年 4 月第 1 版 2019 年 4 月第 1 次印刷
定 价	38.00 元

(图书出现印装质量问题,本社负责调换)

前　言

　　有色金属矿产资源属不可再生资源,为国家必不可少的战略性资源。我国正进入快速工业化阶段,资源的人均消费量及消费总量仍将高速增长,造成资源保证程度急剧下降。

　　溶浸采矿是利用某些化学溶剂及微生物,有选择性地溶解、浸出和回收矿床、矿石或废石中有用组分的一种采矿方法。溶浸采矿可有效地回收中小型矿床资源、复杂难处理矿石、低品位矿石,甚至可以处理表外矿石、残矿、尾矿和废石。此外,溶浸采矿工艺生产成本低、环境友好,被誉为金属矿绿色开采技术。溶浸采矿技术对提高我国矿产资源综合利用率、扩大资源利用范围具有重要意义,是缓解我国矿产资源短缺局面的重要途径。

　　虽然溶浸采矿技术得到了广泛的应用,但仍存在矿堆渗透性差、浸出率低、微生物活性差等问题。因此,寻求高效的强化矿石浸出的手段已经成为研究的热点。目前表面活性剂在金矿和铀矿的浸出过程中已经得到应用,其用于提高矿堆渗透性、提升矿石浸出率效果显著,发展前景广阔。

　　表面活性剂是指具有固定的亲水亲油基团,在溶液的表面能定向排列,并能使表面张力显著下降的物质。表面活性剂被誉为"工业味精",即很少的添加量便可收到显著的效果。表面活性剂改变体系的表面化学性质,具有乳化、起泡、分散和絮凝、润湿、渗透、润滑等功能。通过在溶液中添加表面活性剂,可以降低溶液的表面张力,改变矿石表面的润湿性能,改善溶液在矿石表面的润湿作用,同时还利于溶液在矿石表面孔裂隙中的流动,强化溶液的微观渗流,提高矿石的浸出率。

本书较系统地分析了表面活性剂在溶浸采矿中的应用。建立了不同条件下溶液与矿石固液作用的能量方程,分析了不同因素对固液接触作用的影响;开展矿石浸出实验,优化了表面活性剂助浸实验条件,探明了浸出过程中矿石表面粗糙度和润湿性的演化规律,得到了表面活性剂对矿柱渗透性和矿石浸出率的影响作用;分析了表面活性剂的吸附特性与浸出反应之间的相互作用,探讨了表面活性剂强化矿堆中溶液渗流的作用机制。

本书的出版得到国家自然科学基金(项目编号:51604138)的支持和资助,在此表示衷心的感谢!

由于作者水平有限,难免存在不妥甚至错误之处,敬请广大读者批评指正。

作　者

2019 年 3 月

目 录

1 绪 论

1.1 有色金属矿产资源现状

矿产资源关乎人类的生存和发展,提供着 95％以上的能源来源,80％以上的工业原料,70％以上的农业生产资料,是人类社会的重要物质基础。有色金属矿产资源是国民经济发展的重要基础材料,也是国防科技工业、高尖端科学技术产业发展的重要战略物资。持续稳定的有色金属矿产资源供给是实现国民经济工业化、全面建设小康社会的必要物质保证。随着经济多年来持续快速发展,国内有色金属产量以及对矿产品需求量也不断增长,图 1-1 为我国近年铜生产量及消费量的变化趋势。

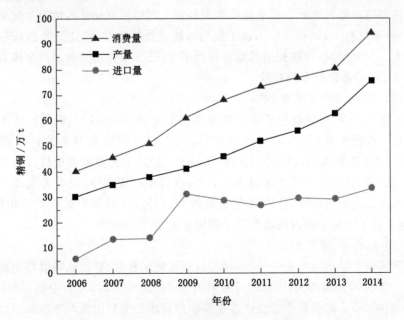

图 1-1　近年我国精铜供求关系

由图 1-1 可以看出，近年来我国工业生产对于精铜的需要持续增长，消费量的涨幅大于产量，同时对于国外铜资源依赖程度也不断增加。铜净进口量在 2009 年时达到了最高点，虽然在 2010 年开始出现小幅下降，但仍保持高位运行。现阶段我国主要有色金属资源基本态势有以下几点。

（1）资源总量大，人均占有量低，资源相对贫乏

我国现已发现 171 种矿产资源，查明资源储量的有 158 种。目前，中国的有色金属生产、消费量均居世界第一，但有色金属资源人均占有量严重不足。铜矿、铝土矿和镍矿等资源的人均拥有量分别仅为世界平均水平的 13％、10％和 9％。铜资源严重不足，铝、铅、锌、镍资源保证程度不高，对国外依赖度增加；钨、锡、锑由于过度开采，资源保证程度亦不乐观，优势地位在下降；只有钼、稀土、镁资源相对丰富。与其他资源型国家相比，资源约束成为我国经济发展的瓶颈。

（2）资源需求量大，储量不足

从世界格局来看，1990 年全球的精铜消耗量为 1 088.6 万 t，到 2008 年全球精铜消耗量达到了 1 813 万 t，年平均增长率为 2.78％。其中，我国的消耗量净增加 417.2 万 t，年平均增长 11.2％，占全球净增加量的 57.6％。我国矿产资源储量增长远小于产量的增长，占有色金属产量 94％的铜、铝、铅、锌、镍等金属品种的资源储量严重不足，未来发展的资源压力巨大。至 2012 年，我国铜产量约 60％依靠进口原料生产。需求量大的铜和铝土矿的保有储量占世界总量的比例很低，分别只有 4.4％和 3.0％，属于我国短缺或急缺矿产，因此对外的依存度相对较大。与此同时，可供利用的后备资源不多，已开发利用的铜矿占全国资源总量的 67％，后备资源十分有限。

（3）共生、伴生矿床多，单一矿床少

我国 80％左右的有色矿床中都有共伴生元素，其中以铝、铜、铅、锌矿产最为突出。在铜矿资源中，单一型铜矿只占 27.1％，而综合型的共伴生铜矿占 72.8％；在铅矿资源中，以铅为主的矿床和单一铅矿床的资源储量只占总资源储量的 32.2％，其中单一铅矿床只占 4.46％；在锌矿产资源中，以锌为主和单一锌矿床所占比例相对较大，占总资源储量的 60.45％；以共伴生矿形式产出的汞、锑、钼的资源储量分别占到各自总资源储量的 20％～33％。

（4）贫矿多、富矿少

我国铜矿平均地质品位只有 0.87％，远远低于智利、赞比亚等世界主要产铜国家。在我国已探明的 15 000 个矿床中，66％为小型，23％为中型，11％为大矿，大型矿、易采矿数量少造成许多重要矿产资源开发利用成本远远高于世界平均水平。2003 年，要萃取 1 t 铜所需的矿石是 1950 年的 5 倍。铝土矿虽有高铝、高硅、低铁的特点，但几乎全部属于难选冶的水硬铝土矿，目前可经济开采的

铝硅比大于 7％的矿石仅占总量的 1/3,这些特点势必造成选冶难度的增加,加大建设投资和生产经营成本。

(5) 有色金属资源利用率低

国内有色金属矿床多为共生有用组分,多数未能及时回收利用,浪费现象较为严重。矿山采、选矿回收率平均比国际水平低 10％～20％,资源贫、细、杂的特点加大了选冶加工的难度。据统计,我国钨矿选矿回收率为 43.50％,稀土矿为 18.25％,矿山采选综合回收率只有 60％～70％。已进行综合利用的矿山平均资源综合利用率仅为 20％,65％具有共生、伴生有用组分的矿山,尚未开展综合利用。我国现有库存尾矿约 50 亿 t,每年新增排放固体废弃物约 3 亿 t,平均利用率只有不到 10％,而国外先进水平都在 50％以上。

为缓解资源供需日益紧张的矛盾,除了继续加大资源勘探力度,提高资源储备量,还应努力开拓海外资源市场,缓解国内矿产资源供给的压力,更重要的是要大力开展技术革新,提高资源的回收率。

1.2 溶浸采矿

溶浸采矿是建立在物理化学反应、质量传递、热力和动力作用的基础上,利用某些能溶解矿石中有用成分的浸矿药剂,有时还借助某些微生物及催化剂、表面活性剂的作用,使矿石或矿体中的有用成分从固态转为液态进入溶液中,收集浸出液再提取金属的新型采矿方法。溶浸采矿法与常规的采矿方法区别很大,它集采矿、选矿、冶金于一体,是建立于水文地质学、矿物工艺学、冶金物理化学、微生物学、地下水动力学、散体动力学、渗流动力学等多学科基础上的一种新型采矿技术。在有色金属回收方面,溶浸采矿技术与传统的开采方法相比优势明显,具有环境污染小、生产成本低、能源消耗少以及作业安全等诸多优点。其亦存在不足,主要体现在浸出周期长、浸出率低等方面。但随着细菌浸出、物理和化学强化浸出以及分离、提取技术的革新,溶浸采矿技术的缺点将得到克服,在矿产资源开发中的地位越来越重要,其应用前景十分广阔。

国内外学者对溶浸采矿的理论和实践给予了极大关注,溶浸采矿近年获得了迅猛的发展,可以用溶浸技术开采的金属矿产包括铀、铜、金、银、镍、铝、锌、钴、锰等,非金属矿产有硫黄、岩盐、钾盐、磷酸盐等。目前在工业上应用较广的是浸出铜、铀、金、银等以及稀土元素矿石。据不完全统计,目前国外采用溶浸法生产的铜金属占总产量的 30％左右,铀金属量占总产量的 20％,金产量占到 25％左右。

溶浸采矿能较好地回收常规开采方法不能回收的低品位矿石、难采矿体、难选矿石和废石中的有用成分,拓宽了矿产资源的利用范围,增加了工业矿石储量,为满足世界对矿石产品日益增长的需求开辟了新途径。溶浸采矿已成为一种被人们公认的既经济有效又安全可靠的采矿技术。总体而言,针对我国矿石品位低、质量差的特点,开展溶浸采矿技术研究有助于扩大我国资源可采储量、缓解资源供需矛盾、减轻紧缺资源对国外的依赖程度,对于保障国家资源安全的意义十分重大。

通过"九五"科技攻关,溶浸采矿技术在我国获得了发展和提高,取得了丰硕的科技成果。目前,我国已形成了研究和应用溶浸采矿技术的高潮。溶浸采矿方法可分为原地浸出法、原地破碎浸出法和地表堆浸法三类,其中堆浸法应用历史最为悠久、应用范围最为广泛。与传统的开采方法相比,堆浸法无需庞大的基础工程和复杂昂贵的生产设备,因此具有基建周期短、基建费用省、生产设施设备简单、投资小、生产成本低、能耗小等诸多优点,受到了广泛关注。矿堆在井下或地表均可,浸渣可返回井下充填,作业安全,对环境污染小。堆浸技术能回收常规采冶流程不能回收的贫矿、残矿以及偏远地区的矿石,扩大了资源利用范围。

堆浸技术虽然得到了广泛的应用,并取得了良好的效果,但由于各种原因,许多堆浸实际生产指标与设计指标相差较大,存在浸堆渗透性差、浸出率低、微生物活性差等问题。因此强化浸出手段已成为目前研究的热点,物理强化手段包括超声波强化浸出、微波强化浸出、应力波强化渗流、电场强化浸出、充气强化浸出等;化学手段包括添加表面活性剂、催化剂和防垢剂等;生物方面主要有细菌驯化、诱变等强化浸出手段。其中添加表面活性剂可以改变溶液的物理化学性质,从而改变液体在矿石表面的润湿、接触以及在矿岩散体内的流动特性。目前国内在表面活性剂强化矿石浸出方面已经开展了探索性研究工作,但是并没有进行系统性试验,特别是对于表面活性剂强化浸出机理并没有给出全面、深入的解释。

对于单个矿石浸出,溶液进入矿石是从其表面的润湿和扩展开始的。由于表面张力的作用,液体被矿石表面吸附,首先在矿石表面形成结合液膜。溶液在矿石表面湿润的同时发生化学反应,遇到孔隙后受毛细管力作用,液体渗入颗粒内部。溶液在矿岩表面润湿、在矿石表面孔裂隙内的流动是浸出过程的关键步骤,决定了矿石的浸出效果。通过在溶液中添加表面活性剂,可以降低溶液的表面张力,改变矿石表面的润湿性能,改善溶液在矿石表面的润湿作用。同时还有利于溶液在矿石表面孔裂隙中的流动,强化溶液的微观渗流,提高矿石的浸出率。

对于堆浸矿岩散体而言,浸出过程是通过溶液在矿石堆中的渗流实现的,矿堆的渗透性能对溶液的流动速率和路径影响较大,因此矿堆的渗透性能对浸出效果至关重要。溶液渗流在浸出过程中起两方面的作用,一是将浸出剂送达目的矿物,二是将有用组分运出矿堆。固液作用是矿堆渗透过程中的重要环节,影响溶液的流动状态。在孔隙介质中,由固液作用引发的一系列界面作用力,对溶液流动和浸出效果影响较大。

1.3　国内外堆浸技术应用现状

1.3.1　国外堆浸技术应用现状

早在 1752 年,西班牙就使用酸浸出氧化铜矿。1953 年,葡萄牙用堆浸法处理铀含量为 0.076％～0.15％ 的低品位铀矿;1958 年,美国肯尼亚州铜矿采用微生物浸铜获得成功,证实了微生物在矿石浸出过程中的生物化学作用,促进了堆浸法的进一步发展。

20 世纪 70 年代,开发利用低品位金矿资源问题引起了各国的重视,美国、加拿大、苏联和澳大利亚等国家的浸出法提金技术得到了迅速发展,而堆浸提金技术的发展又进一步推动了堆浸在铀、铜等金属提取中的应用。1973 年,法国在尼日尔用堆浸法处理露天开采的表外矿石(铀品位 0.04％～0.12％),20 世纪 70 年代末堆浸法铀产量占总产量的 30％。1976 年,BHP 公司开始金矿生物浸出技术的实验研究。

1986 年,南非 Fairview 矿建成世界第一个金矿生物浸出工厂,日处理金精矿 10 t。1988 年,美国堆浸产金量接近 100 t,占全国金总产量的 50％;同年,澳大利亚堆浸黄金产量占总产量的 80％。

Rawhide 金矿位于美国内华达州中西部,20 世纪 80 年代末开始实施机械化开采,2003 年闭坑后,采用堆浸法处理排土场废石和低品位矿石,2004 年堆浸厂销售收入达 330 万美元,取得了良好的经济效益。

智利铜金属年产量的 30％ 左右来自堆浸法。Zaldivar 矿位于智利北部沙漠地区,采用露天开采,矿石经破碎后,采用堆浸-萃取-电积工艺提取铜,堆高为 6 m,年产 15 万 t 电积铜,生产成本较常规方法低很多,经济效益很好。Escondida 铜矿位于智利 Atacama 沙漠地区,是世界上产量最大的露天矿。该矿山 2014 年铜产量为 120 万 t,占全球第一大产铜国智利全国铜矿产量的 20％。其中部分矿石采用堆浸-萃取-电积工艺提取铜,年产 20 万 t 电积铜。

Kisladag 金矿位于土耳其西部,是土耳其最大的金矿。该矿山采用露天开采,并通过堆浸提金。2006 年 7 月开始商业生产,最大年产量达 6 792 kg。

近年来国外湿法冶金工艺产铜量大大增加,特别是非洲和南美洲地区新建了一些大型湿法冶炼厂,不仅用于处理低品位矿,而且高品位的氧化矿也在处理范围之列。

赞比亚的穆利亚希铜矿采用堆浸和搅浸技术处理氧化铜矿,矿石平均品位达到了 1.3%。2014 年矿山生产阴极铜 29 481 t,其中堆浸系统生产量为 7 780 t,铜浸出率超过 82%。

表 1-1 列出了堆浸技术在国外部分铜矿山的应用情况。

表 1-1   **国外部分应用堆浸技术的铜矿山**

矿山和生产期限	浸出工艺	储量/万 t	铜品位/%	矿石类型	铜产量 /(万 t/a)
Cerro Colorado,智利,1994 年~	细菌堆浸	8 000	1.4	辉铜矿和铜蓝	10
Quebrada Blanca,智利,1994 年~	细菌堆浸 废矿堆浸	8 500; 4 500	1.45; 0.5	辉铜矿	7.5
Phoenix Deposit,塞浦路斯,1996 年~	细菌堆浸	910; 590	0.78; 0.31	氧化矿和硫化矿	0.8
Lomas,智利,1998 年	废矿堆浸	4 100	0.4	氧化铜矿和硫化铜矿	6
Escondida,智利,1990 年~	细菌堆浸	170 000	0.3~0.7	氧化矿和硫化矿	20
S$K Copper,缅甸,1999 年~	细菌堆浸	12 600	0.5	辉铜矿	4
Morenci,美国,2001 年~	细菌堆浸	345 000	0.28	辉铜矿	38
Whim Greek,澳大利亚,2006 年~	细菌堆浸	90; 600	1.1; 0.8	氧化矿和硫化矿	1.7

注:表中的储量和产量均为应用浸出工艺的数据。

1.3.2 国内堆浸技术应用现状

我国铀矿石堆浸试验始于 1965 年,经过多年的室内实验研究与工业实践,铀矿石浸出率达到了 85%~97%。低品位含金氧化矿石的堆浸生产工艺研究始于 1979 年,随后在河南、辽宁、河北、湖南等地迅速发展,1989 年全国已有 70 多个堆浸点。1991 年,新疆萨尔布拉克金矿 11 万 t 堆浸试生产成功,原矿品位 3.6 g/t,总回收率 87.75%。1993 年投产的云南楚雄广通堆浸铜厂是我国首家年生产阴极铜超过 1 000 t 的电积铜厂,处理的铜矿石属砂岩型铜矿。1996

年投产了云南元江福特电积铜厂,主要处理土状氧化铜矿。1997 年德兴铜矿建成了年产 2 000 t 电铜的原生铜矿废石堆浸场,是我国最大的废石堆浸厂。

1998 年,紫金山铜矿开始采用生物堆浸方法处理低品位硫化铜矿,建成了一条"地下采矿-生物堆浸-萃取电积"生产线;2000 年,铜金属产量达到 1 000 t/a;"十五"期间,紫金山铜矿生物提铜项目被列为国家"十五"科技攻关项目。目前,紫金山铜矿年产铜金属已超过 4 万 t,成为我国最大的生物提铜基地。

云南迪庆羊拉铜矿于 2007 年正式投产,2014 年采用堆浸法处理原矿 94 970 t,矿石平均品位 1.019%,电积铜产量 600 t,铜浸出率大于 65%。

目前西藏玉龙洞铜矿、云南玉溪元江福特铜矿、陕西太白金矿等矿山都在使用堆浸法提取金属,堆浸法回收低品位有色金属资源在我国的发展前景良好。

近年来我国的堆浸技术应用虽然有了很大的进步,但与先进的国家相比,仍有一定的差距,需要进一步开展研究工作。今后的研究应侧重于以下几个方面:① 降低允许入堆的矿石品位,增加采用堆浸技术加工的矿种,进行堆浸加工表外矿、选冶尾渣;② 扩展浸矿细菌种类,在传统酸性、常温菌的基础上,加大对碱性细菌、中高温菌的研发力度,提高细菌浸矿对不同种类矿石的适应性;③ 完善、改进堆浸的主要设备。堆浸技术的研究正朝着深度和广度发展,可以预见它将会发挥越来越大的作用。

我国堆浸技术的工业应用超前于理论研究,一些关键技术因缺乏理论支持等原因而未能解决,迫切需要开展基础理论方面的研究。与国外相比,从理论到实践都存在着较大的差距,例如,堆浸规模小,成本高,回收率低,理论研究主要集中于化学反应、细菌的培养和使用等。作为矿石浸出反应的前提,固液相互作用很少得到研究人员的重视,使得矿石浸出理论系统并不完整,制约了该学科的发展。国内外学者虽在堆浸渗流机理方面做了许多探索性工作,基本探清了堆体的宏观渗流规律及其与浸出速率、浸出率的内在联系,但对堆浸过程中固液作用力学问题的关注较少。

1.4 表面活性剂强化矿石浸出研究现状

1.4.1 表面活性剂及其分类

（1）表面活性剂

表面活性剂是指具有固定的亲水亲油基团,在液体的表面能定向排列,并能使液体表面张力显著下降的物质。传统观念认为,表面活性剂是一类在很低浓度条件下即可显著降低表(界)面张力的物质。随着对表面活性剂研究的深入,目前一般认为只要在较低浓度能显著改变表(界)面性质的物质,都可划归到表面活性剂的范畴。表面活性剂可降低溶液的表面张力,改变体系的表面化学性质,具有乳化、起泡、分散、絮凝、润湿、渗透、润滑等功能,因此表面活性剂经常被用作润湿剂、絮凝剂、渗透剂等。随着科学技术的发展和高新技术领域的不断开拓,表面活性剂的发展十分迅速,目前已广泛应用于纺织、制药、农药、化妆品、食品、石油、选矿、高分子化学、土建、冶金、机械等领域中。

（2）表面活性剂分子结构

表面活性剂的分子结构由亲水基和疏水基两部分构成,如图1-2所示。

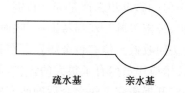

疏水基　　亲水基

图1-2　表面活性剂结构简图

表面活性剂分子的一端为非极性的疏水基,也称为亲油基。亲油基与水分子相排斥,与非极性或弱极性溶剂分子作用,使表面活性剂分子引入油(溶剂),表面活性剂分子的亲油基常为非极性烃链,如8个碳原子以上烃链。分子的另一端为极性亲水的亲水基,有时也称为疏油基或亲水头,亲水基与水分子作用,使表面活性剂分子引入水中,亲水基团常为极性的基团,如羧酸、磺酸、硫酸、氨基或胺基及其盐,也可是羟基、酰胺基、醚键等。

两类结构与性能截然相反的分子碎片或基团分处于同一分子的两端并以化学键相连接,形成了一种不对称的、极性的结构,因而赋予了该类特殊分子既亲水、又亲油(疏水),但又不是整体亲水或亲油的特性。表面活性剂的这种特有结构通常称之为"双亲结构",表面活性剂分子因此被称作"双亲分子"。

（3）临界胶束浓度

表面活性剂的表面活性源于其分子的双亲结构,极性亲水基使分子有进入水的倾向,而疏水的碳氢长链则竭力阻止其在水中溶解而从溶剂内部迁移,有逃逸出水的倾向,两种倾向平衡的结果是表面活性剂在液体表面富集,亲水基伸向水中,而疏水基伸向空气中,在表面形成单分子层膜,如图1-3所示。表面活性剂的这种从水内部迁至表面,在表面的富集过程称作吸附,吸附的结果是水表面似被一层非极性的碳氢链覆盖,吸附作用是导致液体表面张力下降的原因。

表面活性剂分子(或离子)在界面上吸附得越多,界面张力降低得越多。表面活性剂在溶液表面的吸附量随其浓度增高而增多,当浓度达到和超过某值后,吸附量不再增加,这些过多的表面活性剂分子的疏水部分相互作用,在溶液内部以特定方式自聚形成缔合体,这种缔合体称为胶束。疏水链向里靠在一起形成内核,远离水环境,而将亲水基朝外与水接触(见图 1-3),使胶束的中心区形成了一个性质上不同于极性溶液的疏水假象。表面活性剂在溶液中形成胶束的起始浓度称为临界胶束浓度(Critical Micelle Concentration,CMC)。低于此浓度,表面活性剂以单分子体方式存在于溶液中,高于此浓度它们以单体和胶束的方式同时存在于溶液内。

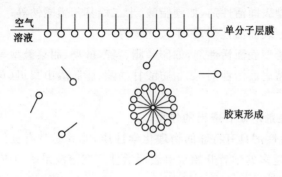

图 1-3　表面活性剂定向吸附及形成胶束

当表面活性剂浓度小于 CMC 时[见图 1-4(a)],分子很快聚集到表面,表面张力急剧下降。随着浓度继续增大到 CMC 时,溶液达到饱和吸附,表面形成紧密排列的单分子膜,溶液中开始形成一定量的胶束,见图 1-4(b)所示,此时溶液表面张力降至最低值。当浓度大于 CMC 后,溶液表面张力几乎不再下降,只是内部胶束数目和聚集数增加,见图 1-4(c)。临界胶束浓度即为表面活性剂的降低液体表面张力的最大作用浓度。

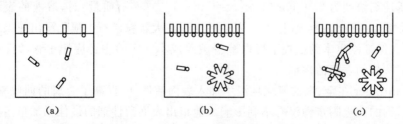

图 1-4　表面活性剂吸附及自聚过程
(a) 达 CMC 之前;(b) 达 CMC 时;(c) 大于 CMC 后

（4）表面活性剂的分类

表面活性剂的分类方法很多,根据疏水基结构进行分类,分为直链、支链、芳香链、含氟长链等;根据亲水基进行分类,分为羧酸盐、硫酸盐、季铵盐、聚氧化乙烯衍生物、内酯等；有些研究者根据其分子构成的离子性分成离子型、非离子型等，还有根据其水溶性、化学结构特征、原料来源等各种分类方法。

众多分类方法都有其局限性，很难将表面活性剂合适定位，并在概念内涵上不发生重叠。一般认为按照化学结构划分比较合适，即当表面活性剂溶解于水后，根据是否生成离子及其电性，分为离子型表面活性剂和非离子型表面活性剂。按极性基团的解离性质可分为：

① 阴离子型表面活性剂，如硬脂酸、十二烷基苯磺酸钠等；

② 阳离子型表面活性剂，如季铵化物等；

③ 两性离子型表面活性剂，如卵磷脂、氨基酸型、甜菜碱型等；

④ 非离子型表面活性剂，如脂肪酸甘油酯、脂肪酸山梨坦（司盘）、聚山梨酯（吐温）等。

1.4.2　表面活性剂对矿石浸出的作用

鉴于表面活性剂具有特殊的物理化学性质，尤其是具有良好的润湿及渗透性能，现在越来越多的学者开始从事表面活性剂在溶浸采矿中应用的研究工作，并取得了良好的效果。

在铀矿的原地化学浸出方面，Hjelmstad 提出在溶浸剂中添加一种由大分子量的长链烃分子组成的阳离子有机聚合物（分子量达到 10^6 数量级），该聚合物为特殊的表面活性剂。有机聚合物使黏土保持在絮凝状态并防止了胶体颗粒的形成，提高了渗透性和浸出率。

1993 年，Sierakowski 等在铜矿石的硫酸浸出中加入了含氟脂肪族表面活性剂，铜的浸出率提高了 4.79%。

Waddell 等在金、银的堆浸提取中加入了含氟表面活性剂，提高浸出率。当表面活性剂浓度为 250 ppm（1 ppm＝0.000 1%）（矿石质量）时，溶液的表面张力被降低到 40 dynes/cm 以下。表面活性剂在大颗粒矿石中强化浸出效果更为明显，在保证浸出率的前提下可以减少破碎成本。实验中还应用了含酸性硫酸基和磺酸盐的表面活性剂。

Luttinger 在金、银的氰化堆浸中加入表面活性剂，提高了金属的回收率，并且对后续的碳吸附步骤没有不利影响。他指出表面活性剂的最佳添加量主要取决于矿石自身的性质。实验中采用了聚乙二醇油酸、吐温 85、琥珀酸二辛酯磺酸钠 3 种表面活性剂，经过 35 d 的浸出，金浸出率最高值相对于对照组提高了7.9%。

国内关于通过添加表面活性剂提高矿石浸出率的报道也很多。

1991 年，罗德生在金矿石的氰化堆浸中添加增浸剂（一种表面活性剂），矿石直接氰化喷淋实验结果表明，添加增浸剂后可提高金的浸出速度，降低 NaCN

用量,金浸出率可提高5%以上,浸渣中的金品位降至0.5 g/t以下。生产实践表明增浸剂对金的炭吸附工艺没有不良影响。

刘玉龙通过搅拌浸出实验研究了表面活性剂对硬岩铀矿石浸出的影响。两种表面活性剂P1和P2分别将浸出率提高了14.65%和9.79%,加入P1后浸出率最高为92.22%。同时得出当表面活性剂添加量为其临界胶束浓度范围时,强化浸出效果最好。

康晓红研究了几种不同的表面活性剂对锌精矿有机溶剂在萃取过程中锌浸出率的影响。经表面活性剂处理后,矿粉溶液的黏度以及表面张力被降低,加入0.05~0.2 g/L十二烷基磺酸钠改变了矿粉在水溶液中的润湿性,锌精矿浸出率提高了17%。

表面活性剂提高矿石的浸出率主要是因为溶液的表面张力降低,改变了浸出体系中矿岩颗粒表面的润湿性能,使矿石与溶液具有更大的接触面积,特别是利于溶液进入矿石的孔裂隙中。此外,加入表面活性剂还可以减小矿石表面液膜厚度,加速对流扩散和传质作用。

1.4.3 表面活性剂对浸堆渗透性的作用

吴沅陶等研究助渗剂(表面活性剂)对铀矿石堆浸渗透性的影响,进行了多次室内实验和现场试验,所涉及的矿石包括陕西蓝田铀矿、辽宁本溪铀矿、广西大新铀矿等矿石。试验结果表明助渗剂的强化渗流效果明显,对硬岩矿石和泥质矿石均适用。助渗剂的作用机理主要分为润滑作用、渗透作用、絮凝作用等7种作用,同时还指出添加表面活性剂对浸出的后续工艺如离子交换、萃取等不会造成不利影响。

谭凯旋等在铀矿石的柱浸实验中添加了乳化剂OP(一种表面活性剂),3个浸柱的溶液渗透系数分别增大了42.8%、19%和31.3%。表面活性剂提高矿岩散体渗透性的主要作用方式为降低溶液表面张力,从而改善矿石的润湿性能,使溶液快速渗透到难以进入的孔裂隙中,使溶液与矿石充分接触。

齐海珍利用搅浸和柱浸实验研究了表面活性剂在铀矿地浸开采中的应用。实验中采用10 g/L的H_2SO_4溶液作浸出剂,添加某类乳化剂的非离子表面活性剂。搅拌浸出实验结果表明,在表面活性剂的浓度为10 mg/L时铀浸出率最高,达到92.6%。柱浸实验表明,加入10 mg/L表面活性剂时矿石渗透系数提高了28.8%;铀的浸出率提高了32%,达到85.79%。

路文斌基于浸出动力学分析了渗透剂(一种表面活性剂)改善高含泥铀矿石渗透性的原理。渗透剂可以降低溶液的黏度和表面张力;增加液膜两侧的浓度梯度,改变溶液流速;减少矿石表面液膜的厚度,降低矿石表面与液面之间的能量差。

　　表面活性剂还可作为制粒剂吸附在矿石表面,使细颗粒矿石发生团聚作用,增大矿石颗粒粒径及矿堆孔隙率,改善堆浸体系的渗透性能。樊保团使用SAU-1高分子聚合物型表面活性剂代替水泥和石灰作为泥质铀矿的造粒剂,通过改变矿石的粒度分布,提高了矿石的渗透性能。

　　添加表面活性剂提高堆浸矿石浸出率的研究只是一个开端,并且诸多成果还未形成完整的理论体系。从现有文献可以看出,添加表面活性剂在提高矿石浸出率、加快浸出速度、改善矿堆渗透性等方面效果良好,证明在堆浸体系中添加表面活性剂强化矿石浸出是可行的。

1.4.4　表面活性剂对微生物浸矿的作用

　　在溶液中添加微生物浸出矿石是处理硫化矿石的主要手段。微生物浸矿存在矿石浸出率不高、浸出速率低等不足,因此强化微生物浸矿已成为目前的研究热点,其中一种比较有效的强化手段即为添加表面活性剂。

　　1964 年,Duncan 等开展了表面活性剂对氧化亚铁硫杆菌(T.f 菌)浸出黄铜矿影响的实验研究,结果表明在所选择的 7 种表面活性剂中吐温 20 的助浸效果最好。当吐温 20 的浓度为 0.001%～0.003%时浸出率最高,达到了 85%。分析认为添加表面活性剂增加了细菌在矿石表面的吸附作用。此外,Duncan 还对不同类型的表面活性剂对细菌浸矿的影响进行了研究,得出对细菌浸出有促进作用的表面活性剂有 3 种。① 阳离子型表面活性剂:甲基十二苯甲基氯化铵、双甲基十二基甲苯、咪唑啉阳离子季铵盐等。② 阴离子型表面活性剂:辛基磺酸钠、氨基脂肪酸衍生物等。③ 非离子型表面活性剂:吐温 20、苯基异辛基聚氧乙烯醇、壬基苯氧基聚氧乙烯乙醇等。

　　PENG 研究了表面活性剂吐温 80 对氧化亚铁硫杆菌生长、硫氧化和硫代谢相关基因表达的影响。研究结果表明,当培养基中含有 0.01 g/L 的吐温 80 时,氧化亚铁硫杆菌的生长以及其对不溶性底物(S^0 和 $CuFeS_2$)的代谢得到了促进。经过 24 d 的浸矿实验,加入 0.01 g/L 的吐温 80 后黄铜矿的铜浸出率提高了 16%。FT-IR 光谱分析结果表明,表面活性剂的强化浸出作用可能是由于吐温 80 导致微生物胞外多聚物成分发生了变化。

　　Lan 通过浸矿摇瓶实验探讨了表面活性剂对生物浸出铁闪锌矿影响。实验中添加的表面活性剂为邻-苯二胺(OPD),所用细菌为嗜酸氧化亚铁硫杆菌、嗜酸氧化硫硫杆菌和氧化亚铁钩端螺旋菌的混合菌群。实验进行了 22 d,结果表明 OPD 的最佳添加量为 0.05g/L,锌浸出率由 66%提高到了 76%,此时对铁的氧化有少许负效应。浸出渣的化学分析及能量色散 X 射线(EDX)分析表明,锌比铁更容易被浸出。在细菌浸矿时加入 OPD 可加速硫元素的氧化作用,同时有助于去除矿石表面生成的硫,因此提高了铁闪锌矿的生物浸出率。

龚文琪和刘俊等在嗜酸氧化硫硫杆菌浸出磷矿石的实验中添加了吐温类表面活性剂。添加 0.001％的吐温 60 和吐温 80 后,浸磷率均得到了提高,分别为 41.12％和 38.25％。分析认为表面活性剂通过促进细菌与硫粉的附着,从而改善了其生长代谢及氧化产酸作用。

陈世栋的实验结论认为添加吐温 20 可以促进黄铜矿的氧化溶解,提高细菌的浸矿速度,但并不能提高最终的浸出率。

表面活性剂对细菌浸矿具有促进作用,主要是因为表面活性剂能使细菌更好地附着在矿石表面。同时表面活性剂对细菌的生长有促进作用,可以提高细菌的细胞膜的渗透性,改变脂类代谢,使细菌细胞内合成的代谢产物排出体外,提高细菌活性。但是表面活性剂的浓度不宜过高,高浓度的表面活性剂会溶解细菌膜中的脂类,从而造成细菌死亡。浸矿细菌以专性无机化能自氧菌为主,但表面活性剂多属有机物质,表面活性剂质量分数过高会抑制细菌的生长甚至导致细菌死亡。

唐云在黄铜矿的细菌浸出体系中添加吐温 20。实验结果表明,当表面活性剂质量分数为 0.003％时,对矿石浸出有促进作用,明显缩短了“滞后期”。但是当吐温 20 的浓度达到 0.15％时,会对铜浸出率产生负面影响,主要是因为高浓度的表面活性剂对细菌生长不利。

张德诚研究了吐温类表面活性剂对氧化亚铁嗜酸硫杆菌浸出黄铜矿的影响。实验中分别添加了吐温 20、吐温 60 和吐温 80 三种表面活性剂,结论是表面活性剂的质量分数不宜超过 5％。三种表面活性剂对细菌浸出均有促进作用,吐温 20 的质量分数为 0.01％时加速浸出效果最好,90 d 浸出率可达到 49.2％,比未添加表面活性剂时的提高了 12％。

王印分析了吐温 20 和吐温 80 对氧化亚铁硫杆菌致死率的影响,得出吐温 20 和吐温 80 的浓度应小于 0.1％,与蒋金龙的实验结果一致。15 d 的摇瓶浸出实验结果表明,吐温 20 的最佳浓度为 0.005％,Cu 浸出率为 29.26％;吐温 80 的最佳浓度为0.005％,Cu 浸出率为 27.60％。理论分析表明表面活性剂可以使物质相界面发生改变,改善矿石的亲水性和渗透性,缩短了细菌在矿物表面吸附达到平衡所需的时间。

2 堆浸体系中固液相互作用影响因素分析

矿石浸出是溶液与矿石进行多相反应的过程,此过程始于矿石与溶液相接触。浸出过程可以分为 5 个部分:① 由于对流扩散和水动力扩散作用,溶液扩散并吸附在矿石表面(外扩散);② 溶液从矿石表面通过矿石内部孔裂隙,经毛细作用进入矿石内部(内扩散);③ 溶液与目的矿物发生化学反应,使其中有用成分由固相转为液相,生成新的可溶性金属盐溶液,浓度逐渐增加(化学反应);④ 新的盐溶液从颗粒内部扩散到矿石外表面(内扩散);⑤ 通过对流扩散作用进入溶液主体(外扩散)。由浸出过程可以看出,目的矿物与溶液有效接触是浸出反应的关键,矿石与溶液发生化学反应是溶浸采矿的核心。

2.1 矿石表面的润湿作用

2.1.1 界面张力

界面张力的定义是当将物质 i 与物质 k 分离时,每分出单位面积所需做的功。对于任何两种物质 i 和 k,其界面张力为常量。物质 i 与其自身蒸气之间的界面张力为表面张力。通常将固体和液体作用面叫作固液界面,二者表面存在的作用力叫作固液界面张力。对于液体和固体与气体之间存在的气液界面张力和固气界面张力,一般称之为液体表面张力和固体表面张力,均简称为表面张力。

物质 i 和 k 间的界面张力 σ_{ik} 与相应的表面张力 σ_i 和 σ_k 之间的关系由 Dupre 公式给出:

$$W_{ik} = \sigma_i + \sigma_k - \sigma_{ik} \qquad (2\text{-}1)$$

式中　W_{ik}——把物质 i 和 k 从单位面积界面分离开所需要的功;

σ_{ik}——物质 i 和 k 之间的界面张力;

σ_i, σ_k——物质 i 和 k 的表面张力。

在液体内部相邻液体间的作用表现为压力,在液体表面相邻液面间的相互作用则表现为张力,即液体表面存在着与液面相切而与边界线相垂直的促使液面收缩的表面张力。可以证明,体系的表面自由能等于表面张力与表面积的乘积。

表面张力和界面张力均依赖于温度。根据界面张力的定义，可以通过测量液体的表面张力获得矿堆内部固液作用界面张力。

2.1.2　液体表面张力

矿石浸出需要溶液与矿石表面充分接触，液体表面张力对于其与矿石接触以及润湿作用是一种阻力。因此研究液体表面张力的成因，并通过一些手段尽可能地减小表面张力，对于矿石的浸出是有利的。下面将从宏观、微观、能量三个角度对液体表面张力的产生进行分析，为分析矿石表面润湿作用机理提供理论依据。

（1）从宏观角度解释

表面张力是分子力的一种表现，发生在液体和气体接触时的边界部分，是由于表面层的液体分子处于特殊情况决定的。液体的表面并不是一个几何面，而是有一定厚度的薄层，称为表面层，如图 2-1 所示。表面层的厚度等于分子引力的有效作用距离 s，为水分子的 10 倍左右，约等于 3 nm。由于表面层内分子力的作用，表面层内出现了张力，这种张力就是表面张力。

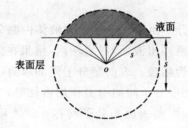

图 2-1　液体表面层示意图

分子力是由吸引力和排斥力两部分组成的，分子间经常保持平衡距离，稍远一些就相吸，稍近一些就相斥。所以，因液体分子间相互作用而引起的应力，也可以分为吸引力所引起的引应力和排斥力所引起的斥应力这两部分。在液体内部，引应力和斥应力的大小都和所取截面的方位无关，分子所受到其他分子的合力为零。如图 2-2 所示，斥力与引力相比属于短程力，有效作用距离很短，可以认为是分子间距离小到一定程度时才起作用，因而除液体的极表面以外，表面层中其他各点处的斥应力，其大小仍与所取截面的方位无关。

但在表面层内的引应力则不然，如图 2-1 所示，液体内以球心为 o、半径为 s 的球内所有分子都对 o 点处分子有引力作用，由于其作用球缺了一个球冠（气体分子密度很稀薄，故可忽略），所以 o 点分子受到一个不为零的向下的吸引力，通常称为静吸力。由于静吸力的存在，致使液体表面的分子有被拉入液体内部的

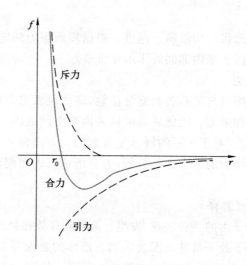

图 2-2　分子间作用力

倾向,所以任何液体表面都有自发缩小的倾向,因此空气中的小液滴往往呈圆球形状。

在液体表面附近的分子由于只显著受到液体内侧分子的作用,受力不均,使速度较大的分子很容易冲出液面,成为蒸汽,结果在液体表面层的分子分布相对于内部分子分布较为稀疏。表面层分子间的斥力随它们彼此间的距离增大而减小,在这个特殊层中分子间的引力作用占优势,如图 2-3 所示。表面相分子密度较液相分子低,因而表面相分子间存在较大吸引力。从宏观层面来看,液体表面仿佛存在一层紧绷的液膜,在膜内处处存在的使膜紧绷的力即为表面张力。这种表面层中任何两部分间的相互牵引力,促使了液体表面层具有收缩的趋势。

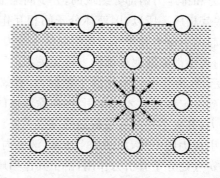

图 2-3　液体表面的液膜

（2）从微观角度解释

在液体表面层中作一平行于液面的截面 AB，两边液体分子有引应力 $P_{\parallel}$ 和斥应力 $Q_{\parallel}$，如图 2-4(a)所示。同时，通过垂直于液体表面的截面 CD，两边液体分子有引应力 $P_{\perp}$ 和斥应力 $Q_{\perp}$，如图 2-4(b)所示。在液体内部，这两种应力的大小都与所取截面的方位无关。

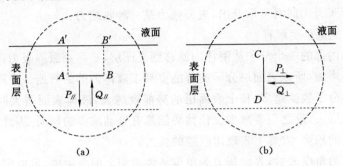

图 2-4　液体表面层分子受力示意图

在表面层，排斥力的有效作用距离很短，可以认为仅在分子相互接触时才起作用，因而除了极表面的薄层外，斥应力的大小与所取截面方位无关，是各向对称的，$Q_{\parallel}=Q_{\perp}$。但是，表面层中各处引力的大小却是与截面的方位有关的。由于 $P_{\parallel}$ 和 $P_{\perp}$ 都分别垂直于 AB 和 CD，因此，计算每一分子对对引力的贡献时，只需考虑它在垂直于截面方向的分力。因此，同样的吸引力，越靠近垂直于截面的方向，对引力的贡献也越大。对截面 AB 来说是正上方缺少分子，而对截面 CD 来说是侧边缺少分子，因而参与产生 $P_{\perp}$ 的分子对数目多于参与产生 $P_{\parallel}$ 的分子对数目，所以 $P_{\perp}>P_{\parallel}$。

在表面层内通过垂直于液体表面的 CD 截面上，引应力 $P_{\perp}$ 与斥应力 $Q_{\perp}$ 之差称为表面张力 σ。

$$\sigma = P_{\perp} - Q_{\perp} \tag{2-2}$$

设在表面层中作一个圆柱体，其底面为截面 AB，顶面在液体表面上。注意到作用于液柱四周的力都垂直于柱面，且具有轴对称性，因此液柱所受的水平方向的合力为零。液柱只在垂直方向受到三个力，即 $P_{\parallel}$、$Q_{\parallel}$ 及重力 mg，设截面 AB 的面积为 ΔS，根据力学平衡条件有：

$$P_{\parallel} \times \Delta S - Q_{\parallel} \times \Delta S + mg = 0 \tag{2-3}$$

由于 $P_{\parallel}$ 和 $Q_{\parallel}$ 都很大，约为 10^9 Pa，而表面层的厚度仅为 10^{-9} m，所以 $mg/\Delta S$ 与 $P_{\parallel}$ 和 $Q_{\parallel}$ 比较起来可以忽略不计，于是有：

$$P_{\parallel} = Q_{\parallel} \tag{2-4}$$

由此可得：

$$\sigma = P_\perp - Q_\perp = P_\perp - Q_{/\!/} = P_\perp - P_{/\!/} > 0 \qquad (2-5)$$

这表明在表面层内，通过垂直液面的截面 CD 两边液体相互有张应力作用。从微观角度分析，液体表面层中表面张力产生的原因是，表面层中引应力的各向不同使表面层中任一垂直液面的截面两边分子间的引应力大于斥应力，从而产生表面张力。同时可以看出，表面张力是一种收缩力。

（3）从能量角度解释

在液体内部的一个分子从液体内游移到表面层，必须克服静吸力做功，其分子势能就要增加，所以表面层分子的势能要高于液体内部的势能。表面越大，在表面层中的分子数就越多，整个表面层的势能就越大，液体表面增大时，表面层的势能就要增大，反之则要减少。任何势能都有自动减少的倾向，因此液体的表面积有收缩的趋势，宏观上表现出收缩的张力。

从能量的角度来看，表面张力为单位液体面积上的自由能，可以定义为增加单位面积所消耗的功：

$$\sigma = -\frac{\delta w}{\mathrm{d}A} \qquad (2-6)$$

式中　$-\delta w$——增加液体面积所消耗的功，$\mathrm{J/m^2}$ 或 $\mathrm{N/m}$；

　　　$\mathrm{d}A$——增加的液体面积，$\mathrm{m^2}$。

按能量守恒定律，外界所消耗的功储存于表面，成为表面分子所具有的一种额外的势能，也称为表面能。

因为恒温恒压下，有：

$$-\mathrm{d}G = \delta w \qquad (2-7)$$

式中　G——表面自由焓。

将其代入式(2-6)得：

$$\mathrm{d}G = \sigma \mathrm{d}A \qquad (2-8)$$

或

$$\sigma = \left(\frac{\partial G}{\partial A}\right)_{T,p} \qquad (2-9)$$

所以表面张力又被称为比表面自由焓。

2.1.3　矿石表面润湿性

一滴水在固体表面上，根据固体表面的性质，水滴将在固体表面展开，湿润固体表面，这种液滴在固体表面上逐渐铺开的过程被称作润湿现象。从热力学角度来看，固体与液体接触后，体系的吉布斯函出现下降的过程被叫作润湿。

矿物的润湿性是指液体（水）在矿石表面的铺展性能。水是极性分子，矿石表面存在着表面力场,当水滴至矿石表面时,产生固-液之间的界面张力。当气-液-固三相界面平衡时,在润湿周边上任一点处,自气-液界面经过液体内部到固-液界面的夹角叫作"平衡接触角",简称接触角,用 θ 表示,如图 2-5 所示(矿石可润湿是浸出的前提,故此处只讨论可润湿体系)。由此可以得出界面张力的平衡方程为:

$$\sigma_{s\text{-}g} = \sigma_{s\text{-}l} + \sigma_{l\text{-}g} \cdot \cos\theta \tag{2-10}$$

式中 $\sigma_{s\text{-}g}$、$\sigma_{s\text{-}l}$、$\sigma_{l\text{-}g}$——固-气、固-液、液-气界面张力;

θ——矿石表面接触角。

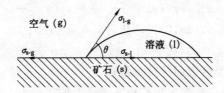

图 2-5　溶液在矿石表面的受力分析

式(2-10)为 Young 方程,是固体表面润湿的基本方程,也称为润湿方程。

结合式(2-10)和图 2-5 可以看出,液滴在矿石表面受到三个力($\sigma_{s\text{-}g}$、$\sigma_{s\text{-}l}$ 和 $\sigma_{l\text{-}g}$)的共同作用,当气-液-固三相平衡时,合力为零。若三个力中有一个力发生变化,则需要 θ 的大小发生变化,才可保证三个力重新达到平衡。比如若 $\sigma_{l\text{-}g}$ 减小,同时保持 $\sigma_{s\text{-}g}$ 与 $\sigma_{s\text{-}l}$ 不变,则 θ 将减小。

由图 2-5 可知,对于相同体积的液滴,θ 越小说明液滴在矿石表面的铺展面积越大,矿石表面润湿性越好。因此,θ 是评价矿石表面润湿性的重要指标。

2.1.4　矿石表面接触角

接触角(θ)是三相界面自由能的函数,它既与固体表面性质有关,也与液-气界面性质有关。用接触角可以衡量固体表面的浸润性能:若 $\theta = 0$,表示液体完全湿润固体表面,固体表面具有超亲水性;若 $0° < \theta < 90°$,说明液体可以湿润固体表面,固体表面具有亲水性;若 $90° < \theta < 180°$ 则表明固体表面不能被液体湿润,固体表面具有疏水性,$\theta > 150°$ 的固体表面被称为超疏水表面。表 2-1 为部分矿物表面的接触角。

表 2-1　　　　　　　　　　　矿物表面接触角

矿物名称	黄铁矿	萤石	石英	方解石	微斜长石	黑云母
接触角/(°)	118.5	75.1	142.2	77.2	160.0	14.0

通常矿石表面并不是只含有单一矿物,而是由两种甚至多种矿物共同组成的组合表面。以两种矿物组成的表面为例,设这两种不同矿物的表面是以极小块的形式均匀分布在矿石表面上的,又设当液滴在矿石表面展开时两种矿物所占的比例不变。在平衡条件下,溶液在矿石表面扩展一无限小量的面积 $dA_{s\text{-}l}$,则固-气和固-液两界面自由能的变化为:

$$(\sigma_{s\text{-}g} - \sigma_{s\text{-}l})dA_{s\text{-}l} = [x_1(\sigma_{s_1\text{-}g} - \sigma_{s_1\text{-}l}) + x_2(\sigma_{s_2\text{-}g} - \sigma_{s_2\text{-}l})]dA_{s\text{-}l} \quad (2\text{-}11)$$

式中 x_1,x_2——两种矿物表面所占的百分比。

用 $dA_{s\text{-}l}$ 除式(2-11)即得:

$$\sigma_{s\text{-}g} - \sigma_{s\text{-}l} = x_1(\sigma_{s_1\text{-}g} - \sigma_{s_1\text{-}l}) + x_2(\sigma_{s_2\text{-}g} - \sigma_{s_2\text{-}l}) \quad (2\text{-}12)$$

根据 Young 方程,式(2-12)可转化为 Cassie 方程:

$$\cos\theta_c = x_1\cos\theta_1 + x_2\cos\theta_2 \quad (2\text{-}13)$$

式中 θ_c——溶液在组合表面的接触角;

θ_1,θ_2——溶液在矿物 1 和矿物 2 表面上的接触角。

如果矿石表面存在孔隙,则 $\sigma_{s\text{-}g}$ 为 0,$\sigma_{s\text{-}l}$ 即为 $\sigma_{l\text{-}g}$,设 x_2 为孔隙的面积分数,此时式(2-13)变为:

$$\cos\theta_c = x_1\cos\theta_1 + x_2 \quad (2\text{-}14)$$

由(2-14)可以看出,若矿石表面的孔隙百分比(x_2)增加,将导致 $\cos\theta_c$ 值变小,因此矿石的表观接触角(θ_c)增大,有利于润湿作用。

2.2 矿石表面固液作用形式

矿石的浸出过程始于矿石与溶液发生接触,矿石表面和溶液的接触形式可以分为 3 种:浸润、沾湿和铺展。浸润表示矿石表面与溶液完全接触,沾湿为溶液附着在矿石表面,而铺展是指溶液在矿石表面自动展开的过程。槽浸、搅拌浸出和管道浸出属于饱和浸出,矿石与溶液的接触处于完全浸润状态。堆浸中固液接触形式相对复杂,其中存在饱和区和非饱和区,非饱和区内的矿石并非被溶液完全包裹,部分矿石表面与空气相接触,在这种条件下的固液作用除浸润以外还存在沾湿和铺展。

2.2.1 浸润作用

浸润是指矿石表面与溶液完全接触,属于饱和浸出。这个过程的实质是固-气界面被固-液界面所代替,液体表面在这一过程中没有变化,如图 2-6 所示。

当浸润面积为单位面积时,此过程的自由能降低值为:

$$-\Delta G = \sigma_{s\text{-}g} - \sigma_{s\text{-}l} = W_i \quad (2\text{-}15)$$

式中 W_i——浸润功。

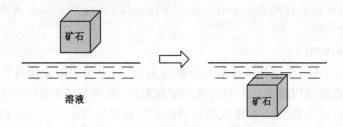

图 2-6 矿石在溶液中的浸润过程

浸润功反映了液体在固体表面上取代气体(或另一种与之不相混溶的液体)的能力,W_i 值越大,表明矿石越容易被溶液浸润。

2.2.2 沾湿作用

沾湿实际上就是固-气界面和气-液界面被固-液界面取代的过程,此过程中矿石表面并不是和溶液完全接触,处于非饱和浸出状态。溶液能否有效地附着在矿石表面是由沾湿过程能否自发进行所决定的。图 2-7 表示界面为一个单位面积,固-液接触时体系表面自由焓 ΔG 的变化。在未接触前总的表面自由能为 $(\sigma_{l \cdot g} + \sigma_{s \cdot g})$,接触后原来的气-液面和固-气界面消失形成新的固-液界面,其界面自由能为 $\sigma_{s \cdot l}$。因此,有:

$$\Delta G = \sigma_{s \cdot l} - \sigma_{s \cdot g} - \sigma_{l \cdot g} \tag{2-16}$$

当体系自由焓降低时,它向外做功为:

$$W_a = \sigma_{s \cdot g} - \sigma_{s \cdot l} + \sigma_{l \cdot g} \tag{2-17}$$

式中　W_a——沾湿功或黏附功。

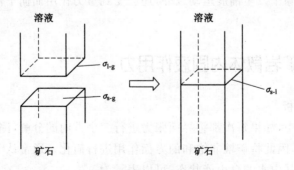

图 2-7 溶液在矿石表面沾湿过程

沾湿功可以解释为从交界处拉开固液两相所需做的最小功。W_a 越大体系越稳定,矿石和溶液结合得越牢固,或者说溶液极易在矿石表面上黏附。沾湿功是两相分子间相互作用力大小的表征。所以，$\Delta G < 0$ 或 $W_a > 0$ 是溶液沾湿矿石发生的条件。

2.2.3 铺展作用

浸出反应不仅要求溶液能附着于矿石表面，而且希望溶液能自行铺展成为均匀薄膜，这样可以增大矿石与溶液的接触面积，有利于浸出反应的进行。铺展过程表示固-液界面取代了固-气界面，同时气-液界面也扩大了相同的面积。如图 2-8 所示，原来 ab 界面是固-气界面，当液体铺展后，ab 界面转变为固-液界面，而且增加了同样面积的气-液界面。

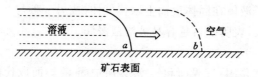

图 2-8　溶液在矿石表面自动铺展

在恒温恒压条件下，当铺展面积为一个单位面积时，体系表面自由焓的降低或对外做的功 W_s 为：

$$W_s = \sigma_{s\text{-}g} - \sigma_{s\text{-}l} - \sigma_{l\text{-}g} = S \tag{2-18}$$

式中　S——铺展系数，实为铺展功。

在恒温、恒压下，当 $S > 0$ 时，溶液可以在矿石表面上自动铺展。只要溶液的量足够多，液体可以自行铺满整个矿石表面。S 越大，铺展能力越大，说明该液体在矿石表面上的润湿能力越强。堆浸过程中，矿石表面并不都是水平的，溶液在矿石表面除了发生铺展运动以外，还会受到重力作用而向下流动，扩大与矿石的接触面积。

2.3　堆浸矿岩散体内固液作用力

2.3.1　吸力分析

实际问题中，如果每次都将界面张力进行三个方向的分解，测量和求解的时候非常不方便，因此将矿堆非饱和的界面作用进行简化。通常认为，多孔介质中的吸力反映了其中水的自由能状态，可以表示为：

$$\psi = -\frac{RT\rho_w}{w_v} \ln \frac{u_v}{u_{v0}} \tag{2-19}$$

式中　ψ——总吸力，kPa；

　　　R——通用气体常数，8.314 J/(mol·K)；

T——绝对温度，K；

ρ_w——水的密度，kg/m^3；

ω_v——水蒸气的分子量，18.016 g/mol；

u_v/u_{v0}——孔隙水的部分蒸汽压/饱和蒸汽压，即相对湿度。

根据相对湿度确定的吸力被称为总吸力，由基质吸力和渗透吸力两个部分组成。

（1）基质吸力

矿石堆浸体系中存在非饱和区域，由矿石、水和气三相构成。矿石颗粒间气液界面张力使孔隙水具有不同的压力，即为基质吸力，其大小等于孔隙气压力与孔隙水压力之差，即：

$$p_m = p_e - p_1 \tag{2-20}$$

式中　p_m——基质吸力；

　　　p_e——孔隙气压力；

　　　p_1——孔隙水压力。

当孔隙气与大气相连时，基质吸力即为负的孔隙水压力。

（2）渗透吸力

渗透吸力为溶液中溶质产生的渗透压所吸持水的能力。实际上，矿石堆浸渗流过程不仅包括溶液在矿石颗粒间的运动，而且还有溶液自矿石表面渗入内部的过程。因此，在矿石渗流过程除关注孔隙间吸力（基质吸力）外，还应考虑矿石对溶液吸收，即渗透吸力 p_o。因此，矿石中吸力可以表示为：

$$p = p_m + p_o = p_e - p_1 + p_o \tag{2-21}$$

基质吸力和渗透吸力之间的关系如式（2-22）～式（2-24）所示，其中 p_0 表示普通水的气压力。

$$\text{总吸力} \qquad p = -\frac{RT}{V}\ln\frac{p_e}{p_0} \tag{2-22}$$

$$\text{基质吸力} \qquad p_m = -\frac{RT}{V}\ln\frac{p_e}{p_1} \tag{2-23}$$

$$\text{渗透吸力} \qquad p_o = -\frac{RT}{V}\ln\frac{p_1}{p_0} \tag{2-24}$$

式中　V——水蒸气的摩尔体积，m^3/mol。

当孔隙气压力等于大气压力（$p_m = 0$）时，负孔隙水压力在数值上与基质吸力相等。含水率和基质吸力之间是减函数关系，当含水率趋于零时，基质吸力趋于无穷大，而当含水率增大直至土体饱和时，基质吸力趋于零。

2.3.2 毛细管力

矿石表面孔裂隙的直径比较小，相当于毛细管。在浸出过程中，毛细作用对溶液流动影响很大。矿石间缝隙产生的毛细管力是溶液进入矿堆内部的动力；同时，由矿石表面裂隙产生的毛细管力使溶液进入矿石内部，扩大了浸出反应的范围。

表面张力和优先润湿特性使在毛细管中的液体上升或者下降的现象，称为毛细管作用。毛细管中存在互不相溶的两相时所产生的毛细管压力，被定义为弯曲液体界面上的压力差。毛细管模型如图 2-9 所示。

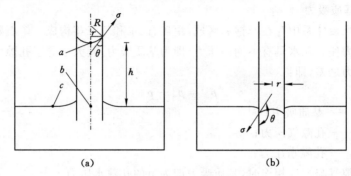

图 2-9　毛细管模型
（a）固体表面亲水；（b）固体表面疏水

以图 2-9(a) 为例进行分析，在平衡条件下，毛细管力 f_c 等于毛细管内液柱的重力，即：

$$f_c = h \cdot \rho \cdot g \tag{2-25}$$

式中　f_c——毛细管力，N；

ρ——液体的密度，g/cm^3；

g——重力加速度，m/s^2；

h——液柱高度，mm。

根据流体静力学原理，a 和 c 点的压强均等于外界大气压。b 点的压强则等于 a 点的压强加上液柱产生的压强。因此有：

$$p_a = p_c = p_0 \tag{2-26}$$

$$p_b = p_a + \rho g h \tag{2-27}$$

式中　p_a,p_b,p_c——a、b、c 处的压强，Pa；

p_0——外界大气压，Pa。

在弯曲液面 a 处，由于液体表面张力产生了一个通过曲率中心指向外界大气的附加压力。所以 a 点的实际压力为外界大气压减去附加压力，即：

$$p_a = p_0 - \frac{2\sigma}{R} \tag{2-28}$$

将式(2-26)~式(2-28)联立即可得到：

$$\frac{2\sigma}{R} = \rho g h \tag{2-29}$$

由图 2-9(a)中的几何关系可以看出：

$$R = \frac{r}{\cos\theta} \tag{2-30}$$

式中 r——毛细管半径，μm；

σ——液体表面张力，mN/m；

θ——接触角，(°)。

因此，式(2-25)中毛细管力可由下式表示：

$$f_c = \frac{2\sigma\cos\theta}{r} = \rho g h \tag{2-31}$$

式(2-31)表明毛细管力与液体表面张力、接触角以及毛细管半径有关，毛细管力的大小等于液体上升(或下降)高度、液体的密度和重力加速度的乘积。液体在毛细管中的上升高度直接反映了毛细管力的大小。

毛细现象产生的物理原因是毛细管内的水柱表面由于湿润作用呈现内凹状[以图 2-9(a)为例]，导致液体的表面积增加，表面自由能加大。因此管内水柱有向上运动的趋势，以使液面形状由内凹变为水平，缩小表面积，降低表面自由能。当水柱升高引起液面形状发生改变时，管壁与液体之间湿润作用又使液面恢复为内凹形状。如此周而复始，毛细管内的水柱不断上升，直到水柱重力和管壁与水分子间的引力所产生的上举力达到平衡时，水柱停止上升。

由此可知，毛细现象与气液界面张力密切相关。当气-液界面不是平面而是曲面时(凹或凸)，二者之间就存在压强差，液体表面张力在平衡时被界面两侧压强差所抵消。如图 2-9(a)所示，液面内凹表明管壁和液体是互相吸引的(即管壁可被液体湿润)。若管壁与液体之间互相不吸引，说明管壁不可湿润，毛细管内液体弯液面呈外凸型[见图 2-9(b)]。

由式(2-31)可知，矿堆孔隙直径越小，毛细管力越大，溶液毛细上升高度越高。一般来说，矿石尺寸越小，矿石间的孔隙越小，对毛细作用越有利。但是如果孔隙过小，易因浸出反应产生的沉淀引起堵塞，影响矿堆的渗透性。因此，合理的矿石粒级组成既可以形成很好的毛细作用，又不会阻碍溶液的流动。

2.3.3 固液作用力之间的关系

在非饱和矿岩散体中，气液两相各自表面张力不同，导致孔裂隙内产生了毛细管压力。基质吸力也是因两相交界处由于张力不同而产生的压力差。现有研究普遍认为基质吸力是土水势中的毛细部分，即把毛细吸力(毛细管力)和基质吸力等同起来,但二者存在以下区别。

(1) 从研究对象和目的来看,毛细吸力的研究对象为孔隙间的液相和气相介质,研究的目的是液相的运动规律;而基质吸力的研究对象主要为固相介质,研究的目的是多孔介质的骨架受力情况。

(2) 从计算公式角度分析,毛细吸力的研究主要通过毛细上升高度来间接反映,是一定作用面积内介质相互作用的结果;而基质吸力可直接表达为一个具体的力。

(3) 对非饱和多孔介质来说,在毛细区内,收缩膜使介质结构内的压应力增加,而基质吸力会使介质的抗剪强度增加。

(4) 孔隙中存在的气液凹液面是产生毛细吸力的原因,而基质吸力产生的原因是液相和气相的压力差。

虽然基质吸力和毛细管力定义不同,但都是界面张力的宏观表现。基质吸力是多孔介质的内在属性,使孔隙水有克服重力和摩擦阻力上升的能力。毛细吸力则是影响孔隙水液面上升的直接动力。

2.4 影响固液作用的主要因素

将 Young 方程即式(2-10)与式(2-15)、式(2-17)、式(2-18)分别联立可以得到润湿功、沾湿功、铺展系数的数学表达式。

浸润功 $\qquad W_i = \sigma_{l\text{-}g} \cos \theta$ $\qquad\qquad$ (2-32)

沾湿功 $\qquad W_a = \sigma_{l\text{-}g}(\cos \theta + 1)$ $\qquad\quad$ (2-33)

铺展系数 $\qquad S = \sigma_{l\text{-}g}(\cos \theta - 1)$ $\qquad\quad$ (2-34)

浸润、沾湿、铺展三种作用形式可自发进行的条件如下:

浸润 $\qquad W_i \geqslant 0, \theta \leqslant 0°$ $\qquad\qquad\qquad$ (2-35)

沾湿 $\qquad W_a \geqslant 0, \theta \leqslant 180°$ $\qquad\qquad\quad$ (2-36)

铺展 $\qquad S \geqslant 0, \theta = 0°$ 或不存在平衡接触角 $\quad$ (2-37)

由此可见,铺展的自发进行要求 $\theta = 0°$,是固液作用的最高标准,溶液若能在矿石表面自动铺展,则必能浸润,更能沾湿。

由式(2-31)可导出毛细上升的高度公式:

$$h = \frac{2\sigma_{l\text{-}g} \cos \theta}{\rho g r} \qquad\qquad (2\text{-}38)$$

综合式(2-32)～式(2-34)及式(2-38)可以看出,决定矿石与溶液接触的最主要因素为溶液表面张力($\sigma_{l\text{-}g}$)和接触角(θ)。

矿石的润湿即固-液两相相互接触,因此润湿主要受到矿石和溶液各自性质的影响。温度的高低对固液性质会产生较大影响,所以温度是影响矿石与溶液相互接触的重要因素。除此以外,溶液在矿石表面的运动也会对固液作用产生一定影响。

2.4.1 矿石性质对固液作用的影响

(1) 矿物晶格

矿石的润湿性能与其表面的化学组成、键的类型和晶格结构有关。矿石经过破碎之后,其断面存在不饱和键与键能,矿石表面呈现出一定程度的极性,极性的溶液分子或离子会定向吸附于极性矿石表面,使矿石表面的不饱和键与键能得到一定的补偿,并使整个体系的表面自由能降到最低。

自然界的矿物多达数千种,主要矿物晶格可分为离子晶格、共价晶格、金属晶格和分子晶格。

① 离子晶格。晶格质点之间靠静电力相互吸引,晶格破裂后留下未饱和的残留键,这种键在水中容易受水偶极电场的作用,故润湿性很好。属于此类矿物的有萤石(CaF_2)、方解石($CaCO_3$)和孔雀石$[CuCO_4 \cdot Cu(OH)_2]$等。

② 共价晶格。相邻两个原子靠共享一对电子连接,共有的电子对只能在某一方向相互结合,所以共价键有一定的方向性和饱和性,结合力比较强。此类矿物破碎后,表面露出残留共价键,与水偶极的作用力强,亲水性较好。

③ 金属晶格。自然金属如自然铜属于这一类。金属键没有方向性和饱和性,结合力也比较强。一般金属晶格的矿物,破裂后表面露出残留的金属键,和水偶极的作用力很小,亲水性较差。

④ 分子晶格。分子键没有方向性和饱和性,结合力很小。分子晶格的矿物和水偶极之间,往往只有微弱的色散力,破裂后表面也是露出残留分子键,和水的亲和力极小,润湿性较差。

由以上论述可以看出几种矿物晶格与润湿性的关系为:

$$离子晶格 > 共价晶格 > 金属晶格 > 分子晶格$$

天然矿物的结晶往往不像结晶学所描述的晶体那么纯净与完整,存在各种晶格缺陷和表面不均匀性,而且矿物表面有时还会受到不同程度的氧化与污染,所以即使同一种矿物的润湿性能,也会因产地或矿床部位不同而差别较大。

(2) 矿石表面粗糙度

Young 方程的条件是固体表面光滑平整,但实际中参与浸出反应的矿石表面是凹凸不平的,矿石表面不平的程度可以用表面粗糙度来表示。矿石表面粗糙度,是指破碎后矿石表面具有的较小间距和微小峰谷不平度所组成的微观几何形状特征,如图 2-10 所示。

图 2-10 中矿石表面两波峰或两波谷之间的距离很小(<1 mm),属于微观

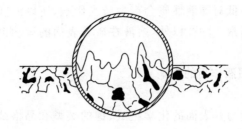

图 2-10　矿石表面局部放大示意图

几何形状误差。在几何平面一定时,粗糙矿石表面的真实表面积大于光滑的表面。矿石的表面湿润性与粗糙度有关:当接触角 $\theta < 90°$ 时,粗糙度越大,越容易润湿;$\theta > 90°$ 时,粗糙度越大越不利于湿润。

表面粗糙度的大小,对矿石颗粒与溶液的作用效果有很大的影响。粗糙的表面之间无法闭合,液体通过在矿石表面孔裂隙内的渗透作用进入矿石内层,与矿石发生反应,造成表面侵蚀。如图 2-11 所示,φ 反映矿石表面粗糙的程度,φ 值越大表面越粗糙,φ 值越小则表面越光滑。

图 2-11　矿石表面粗糙度模型

固体表面粗糙度增大会导致真实面积加大。用粗度因子(r)代表真实面积与表观面积之比,显然 r 越大说明表面越不平。将润湿方程用于粗糙表面时应引入粗度因子进行校正。

根据界面自由能的定义,$\sigma = (\partial G/\partial A)_{T,p}$。在恒温、恒压的平衡状态下,由于界面的微小变化而引起体系自由能的变化为:

$$\mathrm{d}G = \left(\frac{\partial G}{\partial A_{s\text{-}g}}\right)\left(\frac{\partial A_{s\text{-}g}}{\partial a_{s\text{-}l}}\right)\mathrm{d}a_{s\text{-}g} + \left(\frac{\partial G}{\partial A_{s\text{-}l}}\right)\left(\frac{\partial A_{s\text{-}l}}{\partial a_{s\text{-}l}}\right)\mathrm{d}a_{s\text{-}l} +$$
$$\left(\frac{\partial G}{\partial A_{l\text{-}g}}\right)\left(\frac{\partial A_{l\text{-}g}}{\partial a_{l\text{-}g}}\right)\mathrm{d}a_{l\text{-}g} = 0 \tag{2-39}$$

式中　A——真实界面面积;

　　a——表观界面面积。

以 $\mathrm{d}a_{s\text{-}g}$ 除式(2-39)两边,得:

$$\frac{\mathrm{d}G}{\mathrm{d}a_{s\text{-}g}} = \left(\frac{\partial G}{\partial A_{s\text{-}g}}\right)\left(\frac{\partial A_{s\text{-}g}}{\partial a_{s\text{-}g}}\right) + \left(\frac{\partial G}{\partial A_{s\text{-}l}}\right)\left(\frac{\partial A_{s\text{-}l}}{\partial a_{s\text{-}l}}\right)\frac{\mathrm{d}a_{s\text{-}l}}{\mathrm{d}a_{s\text{-}g}} +$$

$$\left(\frac{\partial G}{\partial A_{\text{l-g}}}\right)\left(\frac{\partial A_{\text{l-g}}}{\partial a_{\text{l-g}}}\right)\frac{\mathrm{d}a_{\text{l-g}}}{\mathrm{d}a_{\text{s-g}}}=0 \tag{2-40}$$

式(2-40)中 $\mathrm{d}a_{\text{s-g}}=-\mathrm{d}a_{\text{s-l}}$。因为 $\dfrac{\mathrm{d}a_{\text{l-g}}}{\mathrm{d}a_{\text{s-l}}}=\cos\theta'$，且

$$r=\frac{A}{a}=\frac{\mathrm{d}A}{\mathrm{d}a} \tag{2-41}$$

则式(2-40)变为：

$$r(\sigma_{\text{s-g}}-\sigma_{\text{s-l}})=\sigma_{\text{l-g}}\cos\theta' \tag{2-42}$$

式中　θ'——在粗糙表面上的接触角。

将式(2-42)与式(2-10)中的平滑表面情况相结合可以得到：

$$r=\frac{\cos\theta'}{\cos\theta} \tag{2-43}$$

式(2-43)给出了接触角与固体表面粗糙度的关系。真实的矿石表面不可能是绝对光滑的，即 $r\gg1$，因此 $\cos\theta'>\cos\theta$。即当 θ 大于90°时，表面粗糙度增加将使 θ 变大；当 θ 小于90°时，表面粗糙度增加将使 θ 变小。由此可知，对于可以润湿的体系，固体表面粗糙度增加对体系的固液作用有利；对于不能相互润湿的体系，表面粗糙度增加则使体系更不能润湿。由于参与浸出反应的矿石都属于可润湿固体表面，所以增大矿石表面粗糙度可以提高其表面润湿性能，有利于矿石与溶液之间的固液作用。

2.4.2　溶液性质对固液作用的影响

液体的表面张力是液体分子之间相互作用的结果，分子间作用力的大小决定了表面张力的大小。二元混合液体的表面张力与浓度的关系曲线分为三类：直线型、负偏差型和正偏差型，如图2-12所示。

图2-12显示，如果二元混合液体中两种成分的性质十分相似，各自的表面张力值比较接近时，表面张力随浓度的变化呈直线关系。当两组分自身表面张力具有显著差别时，溶液表面张力则会出现偏差。

酸浸的溶液组成一般为"$H_2O+H_2SO_4$"溶液。图2-12中"$H_2O+H_2SO_4$"体系是具有正偏差型表面张力曲线的典型例子，它不仅显示正偏差，而且有最高点。这是两组分间强烈相互作用的结果。根据 Young 方程，液体表面张力的降低会减少液体在固体表面的接触角，对固液作用有利。

矿石长时间与溶液接触后会出现溶胀，使矿石表面性质相似于液体的性质，液体容易在固体表面上铺展，接触角降低到趋于零。除此之外，由于溶质分子的吸附而改变固-液界面性质，也会使接触角发生改变。

浸出溶液中至少包含两种分子，若力场较溶剂弱的分子聚集于表面，液体表

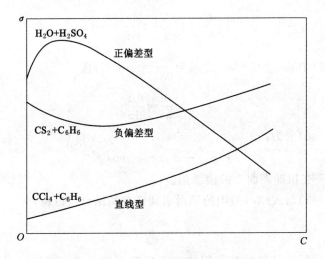

图 2-12　二元混合液体的表面张力随浓度变化

面张力将减小,故溶液表面张力受溶质性质和浓度的影响。不同溶质水溶液的表面张力随浓度的变化可分为三类:表面非活性物质(A 型)、表面活性物质(B 型)和表面活性剂(C 型),如图 2-13 所示。

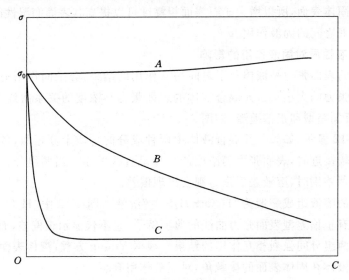

图 2-13　不同溶质的水溶液表面张力曲线

(1) 第一类(曲线 A)

溶液表面张力随溶质浓度增加而缓慢升高,大致呈线性关系。多数无机盐,

如 $NaCl$、KOH、Na_2SO_4、NH_4Cl、KNO_3 等的水溶液及蔗糖、甘露醇等多羟基有机物水溶液属于这一类型。这些物质属于强电解质,或者是带有多个羟基团且具有水化能力的有机化合物。它们的加入使水溶液表面张力增大,并服从式(2-44)中的线性方程。

$$\sigma = \sigma_0 + kc \qquad\qquad (2\text{-}44)$$

式中　σ_0——纯水的表面张力;

　　　σ——溶液的表面张力;

　　　c——溶液的浓度;

　　　k——特征常数,由溶质性质决定。

简单无机盐电解质可以增加液体表面张力的原因是,溶质在水中完全电离出离子,带电离子与极性水分子发生作用使离子发生水化,增加了液体内部粒子之间的相互作用,使得粒子移动到表面层更加困难。因此表面张力增大,并且随着浓度增加这一作用越来越大。盐类物质的固-气界面张力(熔融状态)越大,其使液体表面张力升高得越多。

(2) 第二类(曲线 B)

溶液表面张力随溶质浓度的增加而逐步降低,一般低分子量的极性有机物,如醇、醛、酸、酯、胺及其衍生物属于此类。溶质使溶剂表面张力降低的性质叫作表面活性,可以采用浓度趋向零时的负微商 $-(d\sigma/dC)_{C\to0}$ 代表该溶质降低表面张力的能力。此值大于 0 的溶质具有表面活性,为表面活性物质,数值越大表面活性越强;负微商小于 0 的则为表面非活性物质。第二类曲线的特点是一级微商和二级微商都小于 0。

(3) 第三类(曲线 C)

溶液的表面张力在溶质浓度很低时急剧下降,并很快达到最低点,之后表面张力随浓度变化很小,此类溶质属于表面活性剂,达到表面张力最低点时的浓度一般在 1% 以下。

在溶液中加入表面活性剂后,溶液表层结构将发生变化,表面活性剂分子的定向排列将会降低溶液表面张力,从而改变溶液在矿石表面的固液作用,最终影响矿石的浸出效果。

2.4.3　温度对固液作用的影响

(1) 温度与表面张力的关系

绝大多数液体的表面张力随温度升高而降低(见图 2-14),临界温度时表面张力为零,产生这一现象有以下两个原因。

① 温度升高,液体体积膨胀,液相中分子距离增大,内部分子对表面层分子的吸引力减弱。

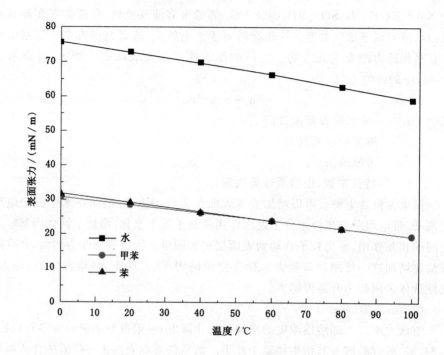

图 2-14　液体表面张力随温度的变化

② 温度升高，蒸气压增大，气相中分子对表面层分子的吸引力增强。当温度达到临界温度时，液体和蒸气的密度相同，"表面"随之消失，所以此时表面张力为零。

约特弗斯研究并给出了液体的表面张力与温度的关系，即：

$$\sigma\left(\frac{M}{\rho}\right)^{\frac{1}{2}} = k(T_c - T) \qquad (2\text{-}45)$$

式中　M——液体的分子量；

　　　　ρ——液体在温度 T 时的密度；

　　　　T_c——液体的临界温度；

　　　　k——常数。

实际测试中，当温度还没达到 T_c 时，液-气界面已不十分清晰。对此 Ramsay Schieids 提出了矫正公式。

$$\sigma\left(\frac{M}{\rho}\right)^{\frac{2}{3}} = k(T_c - T - 6) \qquad (2\text{-}46)$$

式中　$(M/\rho)^{2/3}$——摩尔面积的一种量度。

式(2-46)适用于绝大多数分子量不大的非缔合液体。除此之外,还有一些关于液体的表面张力与温度的关系式,但都是一些经验方程,有待于深入的理论探讨。

(2) 温度与接触角的关系

矿石表面的接触角会随着温度的变化而发生变化。通常情况下,接触角的大小会随着温度的升高而减小,这主要是因为:

① 温度的升高会降低液体的表面张力,由 Young 方程可知,表面张力的下降会使接触角减小。

② 固-液接触界面会形成一些混合物,固-液相互渗透能力越强,它们之间的接触角就越小,在极限情况下,固-液完全渗透,就不存在接触角。通常,温度越高越有利于它们之间的相互渗透,因而接触角就越小。

在矿石浸出过程中,提高外界温度将减小溶液在矿石表面的接触角,增大二者之间的接触面积。因此提高温度对矿石与溶液之间的固液作用有利,可以促进矿石发生浸出反应。

2.4.4 压力对固液作用的影响

对于封闭系统可逆过程的吉布斯自由焓变可以由下式表示:

$$\mathrm{d}G = V\mathrm{d}p + \sigma\mathrm{d}A - S\mathrm{d}T \tag{2-47}$$

在恒温条件下上式可以写为:

$$\mathrm{d}G_\mathrm{T} = V_\mathrm{T}\mathrm{d}p + \sigma_\mathrm{T}\mathrm{d}A \tag{2-48}$$

G 的全微分可以表示为:

$$\left(\frac{\partial\sigma}{\partial p}\right)_{T,A} = \left(\frac{\partial V}{\partial A}\right)_{T,p} = \Delta V_\mathrm{s} \tag{2-49}$$

式(2-49)表明,在恒温、恒表面积的条件下,压力对表面张力的影响等于在恒温恒压条件下相应数量的分子从体相移到表面相时体积的变化。由于体相的密度较表面相的密度大,所以 $(\partial A/\partial V)_{T,p}$ 必为正值,即增加压力会使表面张力增大。

式(2-49)可从理论上讨论压力对表面张力的影响,但在实际过程中增加液体表面上的压力时须引入惰性气体。将导致气相物质性质的改变,使原液体表面吸附一些惰性气体。吸附量会导致体积变化 ΔV_a。

$$\Delta V_\mathrm{a} = -\Gamma\frac{RT}{p} \tag{2-50}$$

式中 Γ——单位表面积吸附气体的物质的量。

因此单位面积中总体积变化 ΔV 包括由吸附引起体积变化相 ΔV_a 及表面相与体相密度差引起的体积变化相 ΔV_s,故有:

$$\left(\frac{\partial \sigma}{\partial p}\right)_{T.A} = -\Gamma \frac{RT}{p} + \Delta V_s \tag{2-51}$$

由此可以看出,压力对表面张力的影响取决于 ΔV_a 和 ΔV_s 二者的数值。若 ΔV_a 控制,压力增加将导致表面张力下降;ΔV_s 控制,则压力增加使表面张力上升。

2.4.5 溶液流动对固液作用的影响

在浸出过程中,矿石和溶液处于相对运动的状态。固体与液体之间形成大小随接触时间变化的接触角,叫作动接触角,与之相关的固液作用叫作动润湿。实验表明,动接触角与静接触角(平衡接触角)相比,前进角变大,后退角变小。对于接触角小于 90° 的亲液体系,当界面运动速度增大时,前进角的变化规律是随着速度增大而变大;而且,速度达到一定程度时,动接触角可变为大于 90°,导致亲液体系变为不能润湿的疏液体系。在保持体系能够润湿的条件下,容许的最大界面运动速度称为润湿临界速度。因此,溶液在矿堆中的流动速度不宜过大,否则对矿石表面的润湿不利。

参照润湿接触线静摩擦力引入"润湿动摩擦力"的概念,可解释动润湿使动接触角变大的现象。溶液在矿石表面运动时存在动摩擦力,如图 2-15 所示。

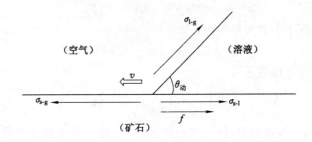

图 2-15　流动溶液在矿石表面受力分析

溶液在向左运动时会受到向右的摩擦力 f,根据受力关系可得:

$$\sigma_{s\text{-}g} \geqslant \sigma_{l\text{-}g} \cos\theta_{动} + \sigma_{s\text{-}l} + f \tag{2-52}$$

即:

$$\cos\theta_{动} \leqslant \frac{\sigma_{s\text{-}g} - \sigma_{s\text{-}l} - f}{\sigma_{l\text{-}g}} \tag{2-53}$$

式中　$\theta_{动}$——动接触角;

f——溶液在矿石表面流动时受到的摩擦力。

因为摩擦力 f 恒大于零,因此溶液在矿石表面流动使得 $\cos\theta_{动}$ 值变小,即导致 $\theta_{动}$ 相对于平衡接触角增大。若摩擦力 f 增大到一定值,将导致 $\theta_{动} \geqslant 90°$,

使得整个体系由原来的可润湿转变为不可润湿。增大 $\theta_{动}$ 对固液作用不利,因此有必要对溶液的流动速度进行控制,保证浸出的正常进行。堆浸中合理的喷淋强度对浸出过程至关重要,强度过小将影响浸出速率,强度过大会使溶液流速过大,对矿石的润湿不利,如果达到或超过润湿临界速度,则会阻碍浸出反应的进行。

3 表面活性剂遴选及助浸实验条件优化

在浸出过程中,溶液与矿石之间发生固液作用和化学反应是两个关键环节,并且固液作用是浸出反应的前提。在化学反应能力一定的情况下,溶液与矿石的接触、润湿和渗透效果决定了矿石的浸出率。

液体的表面张力对固液作用的影响很大,是溶液与矿石发生接触的阻力。为解决这一问题,可通过向溶液中添加表面活性剂改善固液接触作用,强化矿石浸出。表面活性剂被称为"工业味精",其特点是在添加量很小的条件下能降低液体的表面张力。同时,表面活性剂还具有润湿、增溶、渗透、吸附等作用。目前研究表明,添加表面活性剂已成为改善矿石亲水性、提高矿石浸出率的一种有效的方法,具有良好的发展前景。

表面活性剂种类繁多,因此以助浸效果为主要考察指标对表面活性剂进行优选,并确定最佳实验条件。针对某铜矿的硫酸浸出,采用对比实验筛选出一种助浸效果最好的表面活性剂用于后续实验。

浸出条件优化对提高矿石浸出率非常重要,通常实验条件优化的方法为单次单因子法和正交实验设计法。单次单因子法无法考察各因素间的交互作用,因而难以获得最佳实验条件。正交实验注重如何合理科学地安排实验,可以找到最佳因素水平组合,但无法在整个区域上找到响应值与各因素的回归方程,从而无法找到整个区域上因素的最佳组合。响应曲面分析法实验次数少、周期短,且可以获得各因素与响应值的回归方程,从而能弥补以往实验方法存在的不足。

3.1 实验矿样

用于实验的矿样取自云南某铜矿,该铜矿使用堆浸法回收铜,浸出剂为硫酸溶液。矿石属于高含泥碱性氧化矿,铜平均品位为 1.26%。矿石赋存形式分为氧化矿、混合矿及硫化矿三类,以氧化矿为主,硫化矿质量分数为 35% 左右。

3.1.1 矿物组成

该铜矿属深度氧化铜矿石,矿石主要以碎块状和粉状为主。矿石类型主要为变质石英砂岩、矽卡岩,其次为绢云砂质板岩。矿石中金属矿物有硫化物、氧化物、砷化物、碳酸盐类和自然元素等。

含铜矿物以孔雀石[$Cu_2CO_3(OH)_2$]为主,其他含铜矿物还包括黄铜矿($CuFeS_2$)、赤铜矿(Cu_2O)、黑铜矿(CuO)、蓝铜矿[$Cu_3(CO_3)_2(OH)_2$]、斑铜矿(Cu_5FeS_4)、硅孔雀石($CuSiO_3 \cdot 2H_2O$)、辉铜矿(Cu_2S)、铜蓝(CuS)、自然铜(Cu)等。

矿石中脉石矿物以硅酸盐为主,次有碳酸盐类及氧化物类,主要包括:方解石($CaCO_3$)、白云石[$CaMg(CO_3)_2$]、高岭石($KAlSi_3O_8$)、钠长石($NaAlSi_3O_8$)、蒙脱石[$(Na,Ca)_{0.33}(Al,Mg)_2(Si_4O_{10})(OH)_2 \cdot nH_2O$]、钾长石($KAlSi_3O_8$)、透辉石[$CaMg(Si_2O_6)$]、透闪石[$Ca_2Mg_5(Si_4O_{11})_2(OH)_2$]、钙铁榴石[$Ca_3Fe_2(SiO_4)_3$]、斜长石($NaAlSi_3O_8$-$CaAl_2Si_2O_8$)、绢云母、黑云母、黏土等。矿石中绢云母、高岭土等黏土类矿物的比例超过 25%,并含有 40% 易泥化的褐铁矿,属于典型的高含泥矿石。

3.1.2 矿石化学成分

对矿石的化学成分进行分析,结果如图 3-1 所列。

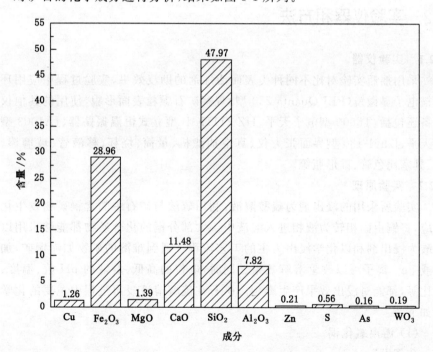

图 3-1　矿石化学成分分析结果

由图 3-1 可以看出,该矿石中的脉石矿物主要以硅酸盐为主,次有氧化物类,碱性矿物含量超过 40%。矿石中 MgO 和 CaO 含量达到 12.87%,其次还有 Fe_2O_3、Al_2O_3 等耗酸矿物,这些碱性矿物将导致矿石在浸出过程中具有较高的酸耗值。

3.1.3 矿石物相分析

采用 X 射线衍射法对矿石进行铜物相分析,分析结果如表 3-1 所示。

表 3-1   **铜物相分析结果**

物相	游离氧化铜	结合氧化铜	次生硫化铜	原生硫化铜	总铜
含量/%	0.438	0.359	0.095	0.368	1.26
占有率/%	34.75	28.53	7.50	29.22	—

由表 3-1 可以看出,铜氧化率较高,氧化铜占有率达 63.28%。该铜矿石含泥量较高,为典型的难处理高碱性氧化铜矿。

3.2 实验仪器和方法

3.2.1 实验仪器

采用摇瓶实验对比不同种类表面活性剂的助浸效果,实验过程中应用环境扫描电子显微镜(FEI Quanta 250 型)观察矿石颗粒表面形貌,使用的其他仪器设备还包括:T5000 型电子天平、HZ-2111K-B 型立式恒温振荡器、JA1003 型电子天平、Jzhy1-180 型界面张力仪、真空抽滤机、量筒、烧杯、移液管、玻璃棒、洗瓶、具塞比色管、锥形瓶等。

3.2.2 实验原理

实验所采用的浸出剂为硫酸溶液,利用硫酸与矿石中的含铜矿物发生化学反应,将铜由固相转为液相进入溶液中。大部分铜的化合矿物都能够采用以稀硫酸为浸出剂和以化学浸出为主的工艺流程。遇到难溶的矿物如赤铜矿,加入氧或 Fe^{3+} 离子可以改善溶解效果。同时,电位的高低、溶液的 pH 值、温度、固液比等,都能对浸出效果产生影响。矿石在硫酸溶液浸出过程中主要的化学反应如下。

(1) 游离氧化铜

孔雀石:

$$CuCO_3 \cdot Cu(OH)_2 + 2H_2SO_4 \longrightarrow 2CuSO_4 + CO_2 \uparrow + 3H_2O \qquad (3-1)$$

蓝铜矿:

$$2Cu_3(CO_3)_2(OH)_2 + 3H_2SO_4 \longrightarrow 3CuSO_4 + 2CO_2 \uparrow + 4H_2O \qquad (3-2)$$

赤铜矿：

$$Cu_2O + H_2SO_4 \longrightarrow CuSO_4 + Cu + H_2O \qquad (3-3)$$

黑铜矿：

$$CuO + H_2SO_4 \longrightarrow CuSO_4 + 2H_2O \qquad (3-4)$$

（2）结合氧化铜

硅孔雀石：

$$CuSiO_3 \cdot 2H_2O + H_2SO_4 \longrightarrow CuSO_4 + SiO_2 \downarrow + 3H_2O \qquad (3-5)$$

（3）次生硫化铜

辉铜矿：

$$Cu_2S + 2Fe_2(SO_4)_3 \longrightarrow 2CuSO_4 + 4FeSO_4 + S \qquad (3-6)$$

铜蓝：

$$CuS + Fe_2(SO_4)_3 \longrightarrow CuSO_4 + 2FeSO_4 + S \qquad (3-7)$$

（4）原生硫化矿

黄铜矿：

$$2Fe_2(SO_4)_3 + CuFeS_2 \longrightarrow CuSO_4 + 5FeSO_4 + 2S \qquad (3-8)$$

（5）脉石矿物

高岭石：

$$KAlSi_3O_8 + 4H^+ + 4H_2O \longrightarrow K^+ + Al^{3+} + 3H_4SiO_4 \qquad (3-9)$$

钠长石：

$$2NaAlSi_3O_8 + 2H^+ + H_2O \longrightarrow Al_2Si_2O_5(OH)_4 + 2Na^+ + 4SiO_2 \qquad (3-10)$$

钾长石：

$$2KAlSi_3O_8 + 2H^+ + H_2O \longrightarrow Al_2Si_2O_5(OH)_4 + 2K^+ + 4SiO_2 \qquad (3-11)$$

蒙脱石：

$$3Ca_{0.33}Al_2(Si_4O_{10})(OH)_2 + 2H^+ + 3H_2O \longrightarrow 3Al_2Si_2O_5(OH)_4 + Ca^{2+} + 6SiO_2$$

$$(3-12)$$

方解石：

$$CaCO_3 + 2H^+ \longrightarrow Ca^{2+} + H_2O + CO_2 \uparrow \qquad (3-13)$$

白云石：

$$CaMg(CO_3)_2 + 4H^+ \longrightarrow Mg^{2+} + Ca^{2+} + 2H_2O + 2CO \uparrow \qquad (3-14)$$

多数氧化矿在硫酸中反应很快，很容易被浸出。硫化矿物也可以与硫酸发生反应，但需要氧化剂的作用，最为常用的氧化剂为三价铁。矿石中含有 28.96% 的 $Fe_2(SO_4)_3$，可以与硫酸反应生成 Fe^{3+}。但是这部分 $Fe_2(SO_4)_3$ 嵌布于矿石表面和内部，不可能全部溶解为 Fe^{3+}，因此矿石在浸出过程中的氧化剂数量比较有限，硫化矿物的浸出受到了一定限制。

3.2.3 参数测试

（1）铜浸出率测量

浸出率是判断矿石浸出效果好坏的重要指标，传统的浸出率计算方法有两种，即液计脱硫率与渣计脱硫率。为保证测量结果的连续性，实验采用液计浸出率作为浸出效果评判指标。

铜的液计浸出率是根据溶液中 Cu^{2+} 浓度和溶液体积计算，计算方法如下：

$$R_1 = \frac{\alpha_i V_i}{QC} \times 100\%$$ (3-15)

式中　R_1——铜液计浸出率，%；

　　　α_i——第 i 级反应合格液质量浓度，g/L；

　　　V_i——第 i 级反应合格液的体积，L；

　　　Q——浸出前矿石质量，g；

　　　C——浸出前矿石中铜所占百分比。

（2）溶液表面张力测量

溶液表面张力降低幅度为衡量表面活性剂改变溶液性质的指标之一，分析表面张力与铜浸出率之间的关系便于揭示表面活性剂的强化浸出机理。

测量溶液表面张力的常用方法有毛细管上升法、最大气泡压力法、Wilhelmy 吊片法和 Du Nouy 吊环法等。实验中使用 Jzhy1-180 型界面张力仪，测量范围为 0～180 mN/m，精度为 0.1 mN/m。该仪器是基于吊环法测量溶液表面张力，测量原理公式为：

$$\sigma = \frac{P}{4\pi R} F$$ (3-16)

式中　σ——溶液表面张力，mN/m；

　　　P——溶液作用于铂金环的力，N；

　　　R——铂金环的半径，9.55 mm；

　　　F——校正因子，通过式（3-17）得出。

$$F = \sqrt{\frac{0.003\ 63}{\pi^2} \cdot \frac{1}{R^2} \cdot \frac{P}{\Delta \rho} + 0.045\ 34 - \frac{1.679r}{R}} + 0.725$$ (3-17)

式中　r——铂金丝的半径，0.3 mm；

　　　$\Delta \rho$——液面两侧物质的密度差。

3.3　实验方案与结果

3.3.1　表面活性剂初选

表面活性剂一般按照它的化学结构进行分类，即根据表面活性剂溶解于水后是否生成离子及其电性,将其分为离子型和非离子型。在离子型表面活性剂中,根据极性基团的解离性质可分为阴离子表面活性剂、阳离子表面活性剂和两性离子表面活性剂。两性离子表面活性剂溶于水后根据溶液的 pH 值不同而表现出不同的离子性质:在酸性溶液中呈阳离子形态,在碱性溶液中则呈现阴离子形态。由于实验使用硫酸作为浸出剂,两性离子表面活性剂呈现性质与阳离子表面活性剂相同,故本次实验没有选取两性离子表面活性剂作为实验药剂。

从可行性和经济角度考虑,实验选取了 6 种工业上常用的表面活性剂,每种表面活性剂的物理化学性质如表 3-2 所列。

表 3-2　　　　　　　　　　**六种表面活性剂物理化学性质**

表面活性剂	分子式	分子量	CMC	类型
十二烷基磺酸钠	$CH_3(CH_2)_{11}SO_3Na$	272.38	9×10^{-3} mol/L	阴离子型
十二烷基硫酸钠	$C_{12}H_{25}SO_4Na$	288.38	8×10^{-3} mol/L	阴离子型
十六烷基三甲基溴化铵	$C_{19}H_{42}BrN$	364.45	9.2×10^{-4} mol/L	阳离子型
十二烷基三甲基溴化铵	$C_{15}H_{34}NBr$	308.34	1.6×10^{-2} mol/L	阳离子型
吐温 20	$C_{58}H_{114}O_{26}$	1 227.50	6×10^{-2} g/L	非离子型
吐温 80	$C_{64}H_{124}O_{26}$	1 309.65	1.4×10^{-2} g/L	非离子型

当表面活性剂添加量达到临界胶束浓度时,溶液的表面张力降至最低值。此时继续增大表面活性剂浓度,溶液表面张力降低幅度极小,过多的表面活性剂反而易形成大量胶团,在溶液中可以观测到絮状物。将表面活性剂作为助浸剂用于强化铜矿石浸出,主要是利用其降低溶液表面张力这一特点。因此,在表面活性剂初选的对照实验中,表面活性剂添加量为各自的临界胶束浓度(CMC),使溶液的表面张力尽可能降低,以保证每种表面活性剂可以发挥出最大的强化浸出作用。

3.3.2　初选实验方案

在表面活性剂的初选中,选择了十二烷基磺酸钠、十二烷基硫酸钠、十六烷基三甲基溴化铵、十二烷基三甲基溴化铵、吐温 20、吐温 80 等 6 种表面活性剂,增加一个对照组一共进行 7 组实验。

每组实验分别在锥形瓶中加入粒径小于 125 μm(−120 目)的矿粉 25 g,并加入质量浓度为 20 g/L 的硫酸溶液 100 mL。表面活性剂添加量根据各自临界胶束浓度添加,实验方案如表 3-3 所列。将锥形瓶放入恒温振荡器中振荡,在温度 30 ℃、振荡速度为 150 r/min 的条件下进行摇瓶浸出。浸出实验时间为 72 h,每间隔 12 h 对溶液进行取样,测量溶液表面张力以及 Cu^{2+} 浓度,并计算铜浸出率。

表 3-3　　　　　　　　　　　　表面活性剂遴选实验方案

编号	表面活性剂		矿粉质量/g	溶液体积/mL	硫酸质量浓度/(g/L)
	名称	添加量/g			
1	无	—	25	100	20
2	十二烷基磺酸钠	0.245	25	100	20
3	十二烷基硫酸钠	0.231	25	100	20
4	十六烷基三甲基溴化铵	1.034	25	100	20
5	十二烷基三甲基溴化铵	0.493	25	100	20
6	吐温 20	0.006	25	100	20
7	吐温 80	0.001 4	25	100	20

3.3.3　初选实验结果及分析

（1）矿石表面形貌分析

在矿石浸出过程中，化学反应以及化学产物会对矿石表面形貌产生影响。对浸出前后矿石颗粒（第 3 组）表面形貌进行了电镜扫描，扫描结果如图 3-2 和图 3-3 所示。

图 3-2　浸出前矿石颗粒表面形貌

对比浸出反应前后矿石表面微观形貌可以发现，在浸出前矿石颗粒之间间隙均匀，颗粒表面较为平整、光滑，如图 3-2（b）所示。浸出作用对于矿石表面形貌有很大改变，颗粒表面变得粗糙，颗粒间孔隙分布不均，如图 3-3（a1）所示。浸出后矿石表面出现大量柱状晶体，覆盖在矿石表面，减小了孔裂隙的暴露面积，阻碍了溶质的运移。

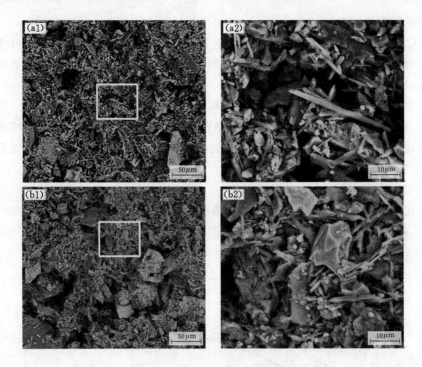

图 3-3　浸出后矿石颗粒表面形貌

化学结晶体阻碍矿石浸出主要表现在两个方面:一是沉淀覆盖矿石表面,减小了有效接触面积,影响浸出反应,如图 3-3(a2)所示;二是结垢物沉积在矿石颗粒孔裂隙中造成阻塞,影响溶液向矿石内部渗透,如图 3-3(b2)所示。

矿石中含有大量高耗酸的碱性矿物,如方解石、白云石等,这些矿物不仅消耗浸出剂、降低反应速率,而且会产生 $CaSO_4$ 和 $Fe(OH)_3$ 凝胶体及黄铁钒等沉淀,如式(3-18)～式(3-21)所示。

$$Ca^{2+} + SO_4^{2-} \longrightarrow CaSO_4 \downarrow \tag{3-18}$$

$$CaO + 2H^+ + SO_4^{2-} \longrightarrow CaSO_4 \downarrow + H_2O \tag{3-19}$$

$$3Fe(OH)_3 + 4SO_4^{2-} + 3Fe^{3+} + 3H_2O + 2M^+ \longrightarrow$$
$$2MFe_3(SO_4)_2(OH)_6 \downarrow + 3H^+ \tag{3-20}$$

$$3Fe^{3+} + M^+ + 2HSO_4^- + 6H_2O \longrightarrow MFe_3(SO_4)_2(OH)_6 \downarrow + 8H^+ \tag{3-21}$$

式中,M 为 K^+、Na^+、NH_4^+ 或 H_3O^+。

上式中的沉淀物可分为两类:

① 脉石矿物与酸反应生成难溶物质,即式(3-18)和式(3-19)。此类化学沉淀物的生成随着溶液 pH 值降低而加剧,即溶液酸度越高,脉石溶解程度越高,

形成的沉淀量越大。

② 铁被溶解并形成沉淀物,即式(3-20)和式(3-21)。pH 值越小,Fe(OH)$_3$ 的水解程度越低,阻碍化学反应正向进行,因此增加溶液酸度将减小黄铁矾沉淀生成量。

由于 Ca^{2+} 具有特殊的双电离层结构,易与氧化铜矿石中黏土类矿物,如绿泥石、蒙脱石等发生吸附作用,覆着在微孔裂隙周围表面的 Ca^{2+},随着反应进行不断地聚集,最终形成结晶化合物,此类物质一定程度上堵塞了颗粒表面的孔洞,造成矿石整体的孔隙度减小。

(2)溶液表面张力随时间的变化

使用 Jzhy1-180 型界面张力仪分别对浸矿过程中溶液的表面张力进行测量,实验结果见图 3-4。

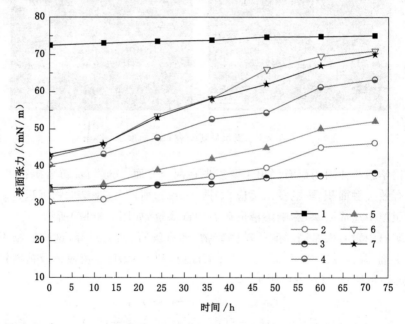

图 3-4 溶液表面张力随时间变化

由图 3-4 可以看出,溶液在添加表面活性剂之后,表面张力明显降低。第 1 组溶液没有添加表面活性剂,浸出前溶液表面张力最大,达到了 72.5 mN/m。在添加表面活性剂的溶液中,第 2 组的表面张力降低幅度最大,溶液表面张力为 30.4 mN/m,减小了 42.1 mN/m。溶液表面张力降低幅度最小的是第 7 组,其值为 42.9 mN/m,较没有添加表面活性剂时降低了 40.83%。

矿石浸出结束后各组溶液的表面张力变化差异较大。第 1 组没有添加表面活性剂,虽然溶液中 H^+ 被碱性矿物消耗,但是溶液中增加了 Cu^{2+}、Fe^{2+}、Fe^{3+} 等阳离子,溶液表面张力虽有增加,但变化幅度甚微,可忽略不计。由此可知,矿石浸出过程以及溶液离子变化不会对溶液的表面张力产生影响。其他几组添加了表面活性剂的溶液,各自表面张力均有不同程度的升高,这主要有两个原因:① 表面活性剂的化学结构被氢离子或其他离子破坏,导致溶液中表面活性剂的浓度降低,溶液表面张力升高;② 部分表面活性剂由于静电作用附着在矿石表面,同样导致溶液表面的表面活性剂数量减少。第 3 组(十二烷基硫酸钠)溶液浸出后的表面张力最低,说明十二烷基硫酸钠在浸矿环境中适应性最佳,被硫酸破坏的程度最小,同时也说明十二烷基硫酸钠在降低表面张力方面持久性最好。

(3) 铜浸出率随时间的变化

每间隔 12 h 对溶液进行取样,使用分光光度计测量 Cu^{2+} 浓度,按式(3-15)计算铜浸出率,结果见图 3-5。由图 3-5 可以看出,铜浸出率随着浸出时间的延长呈现增长趋势。

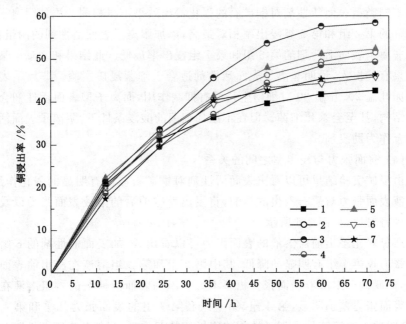

图 3-5　铜浸出率随时间变化

在浸出反应初期(0~24 h),溶液中硫酸浓度较高,同时溶液与矿石的接触十分充分,因此七组浸出率均上升较快,反应速率较大。

随着浸出反应的进行(24~60 h),浸出率增速较小,曲线趋于平缓。矿石浸出反应为非均质反应,分子扩散主要是依靠溶液浓度不均匀性所带来的对流作用,液体浓度空间分布差异是溶液运动的基本动力。浸出反应使溶液中 Cu^{2+} 浓度持续增加,反应区与溶液的离子浓度差减小,扩散作用减弱。并且在矿石表面的铜被浸出之后,溶液需要通过孔裂隙进入矿石内部继续进行反应,溶液与目的矿物的有效接触面积减小。在浸出反应过程中,矿石表面以及孔裂隙会被反应产物所覆盖,这些固体产物在矿石表面形成位阻,堵塞孔裂隙,阻碍溶液的扩散作用。此外,由于溶液中硫酸被碱性脉石矿物中和,硫酸浓度降低,因此浸出速率降低。

最后阶段(60～72 h)浸出率增加速率继续减缓,直至浸出率曲线接近水平,实验结束。

通过对比最终铜浸出率可以看出,表面活性剂强化了矿石的浸出反应。第1组中没有添加表面活性剂,铜浸出率最终仅为42.64%。其他6组分别添加了不同类型的表面活性剂,铜浸出率有不同程度的提高,其中第3组的铜浸出率最大,达到了58.47%,是第1组浸出率的1.37倍。

不同类型表面活性剂对铜矿石的强化浸出效果不尽相同。添加阴离子表面活性剂的第2组和第3组浸出率相对最高,添加阳离子表面活性剂的两组其次,添加非离子表面活性剂的第6组和第7组浸出率最低。此结果和文献中某些实验结果有些出入,说明非离子表面活性剂适合于细菌浸矿实验。非离子表面活性剂如吐温20、吐温80对细菌生长没有抑制作用,而离子型表面活性剂会破坏细菌结构,甚至会杀死细菌。但在不添加细菌的酸浸条件下,阴离子表面活性剂更适合作为助浸剂。

(4)表面张力与浸出率之间的关系

由浸矿实验结果可以看出表面活性剂对铜矿石浸出有明显的强化作用,探究溶液表面张力对矿石浸出的影响,将浸出反应前后的溶液表面张力以及铜浸出率进行对比,如图3-6所示。

通过对比浸出前后溶液的表面张力可以看出,添加表面活性剂的6组溶液表面张力较第1组有明显的降低,其中第2组和第5组溶液在浸出前表面张力最低,但6截至组溶液表面张力相差不大。添加表面活性剂的六组溶液在浸出后的表面张力差别明显,第4组、第6组和第7组的表面张力几乎和第1组相当,说明这三组溶液的表面活性剂浓度极低甚至为零,大部分表面活性剂分子已被破坏,两种非离子表面活性剂在酸浸环境中的耐久性最差。

由图3-6还可以看出,铜浸出率与浸出后溶液表面张力呈负相关,即浸出后溶液表面张力越低,铜浸出率越高。第3组溶液(十二烷基硫酸钠)浸出后表面张力为38.1 mN/m,在7组溶液中最低,其对应的铜浸出率为58.47%,高于其余各组。第6组溶液在浸出后表面张力为71.0 mN/m,在添加表面活性剂的6

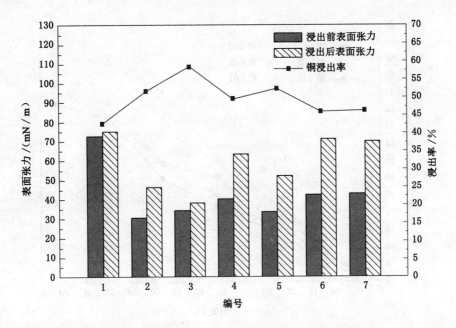

图 3-6　浸出前后溶液表面张力与铜浸出率的关系

组中最高,其对应的铜浸出率为 45.92%,是最低的一组。此规律同样出现在没有添加表面活性剂的第 1 组,其溶液表面张力在 7 组溶液中最高,铜浸出率最低。

(5)表面张力变化率与浸出率之间的关系

通过前面分析可知,铜浸出率的大小是由浸出前和浸出后溶液表面张力共同决定的。根据图 3-4 对各组溶液表面张力的变化率进行分析,即:

$$r_c = \frac{\sigma_t - \sigma_0}{\sigma_0} \times 100 \tag{3-22}$$

式中　r_c——表面张力变化率,%;

σ_0——浸出前溶液表面张力,N/m;

σ_t——浸出反应后 t 时刻溶液表面张力,N/m。

由式(3-22)计算出表面张力变化率对比结果,如图 3-7 所示(第 1 组中无表面活性剂,不做分析)。

由图 3-7 可知,表面张力变化率随时间变化。图 3-7 中,第 3 组溶液的表面张力变化率一直处于低位,说明该组表面活性剂在浸矿过程中最为稳定,持久性最好。

由表面张力变化率提出表面活性剂的"衰减系数"来表征表面活性剂的持久

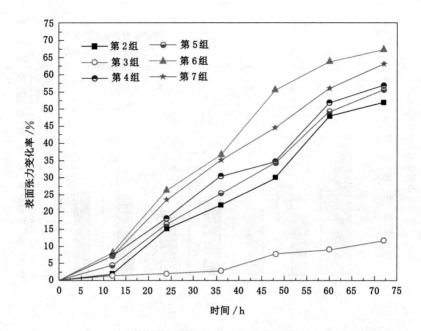

图 3-7　表面张力变化率随时间的变化

性,衰减值与表面张力变化率以及浸出时间相关,对其进行如下定义。

$$A_c = \frac{r_c}{100t} = \frac{\sigma_t - \sigma_0}{\sigma_0} \times \frac{1}{t} \qquad (3\text{-}23)$$

式中　A_c——表面活性剂助浸衰减系数,1/s 或 1/h;

　　　t——浸出时间,s 或 h。

　　表面活性剂助浸衰减系数决定了矿石的浸出率的大小,其值越小,说明在 $0\sim t$ 时间段内表面活性剂的助浸效果越好。在同一浸出条件下,对比相同时刻的衰减系数才有意义。根据式(3-23),计算各组溶液在浸出结束时(72 h)的表面张力衰减系数,并分析其与浸出率之间的关系,见图 3-8。

　　由图 3-8 可以看出,衰减系数与矿石浸出率呈现负相关。表面活性剂助浸衰减系数可以反映表面活性剂的助浸效果,衰减系数越小,说明该表面活性剂在助浸过程中性能越稳定,强化浸出的效果越好。第 3 组溶液(十二烷基硫酸钠)在 72 h 浸出时间内的衰减系数最小,为 1.63×10^{-3}/h,其对应的铜浸出率最高,达到了 58.47%。

3.3.4　表面活性剂遴选结果

　　通过分析浸出前后溶液表面张力以及铜浸出率等参数,对比了 6 种不同的表面活性剂的助浸效果。实验结果表明,使用阴离子表面活性剂十二烷基硫酸

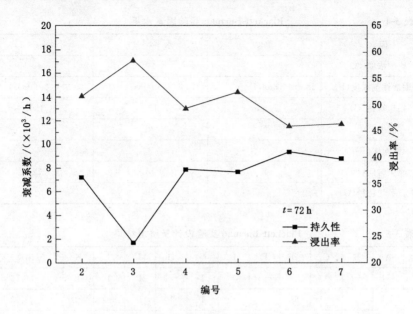

图 3-8　表面活性剂助浸衰减系数与浸出率的关系

钠取得了最大浸出率,其在酸浸环境中最为稳定,衰减系数最小,强化浸出效果最佳。

综上所述,选取十二烷基硫酸钠作为助浸剂进行后续实验。

3.4　表面活性剂助浸实验因素选择

3.4.1　因素选择实验设计

表面活性剂助浸实验中包含多种实验因素,因此在实验条件优化前对主要因素进行筛选,采用 Plackett-Burman(PB)实验设计方法。PB 实验设计为筛选实验设计,是一种两水平的部分因子实验设计方法,应用前提是实验因子数较多,且未确定众因子相对响应值的显著性。实验中对各因子取两个水平,通过比较各个因子两水平的差异与整体的差异来确定因子的重要程度。PB 实验可以确定显著的影响因子,避免优化实验中由于不显著因子数过多而造成资源浪费。

根据前期单因素实验结果,得到了影响铜矿石浸出反应的可能因素,对包括硫酸浓度(A)、表面活性剂浓度(B)、摇床转速(C)、温度(D)、液固比(E)、浸矿时间(F)、矿石平均粒径(G)在内的 7 个因素进行考察,选用 $N=11$ 的 PB 设计,为考虑误差,设置 4 个虚拟组。每个因素取高低两个水平,$+1$ 表示高水平、-1 表示低水平,见表 3-4。PB 实验设计见表 3-5。

表 3-4 Plackett-Burman 实验因素水平

因素	单位	水平(−1)	水平(+1)
硫酸浓度(A)	g/L	20	40
表面活性剂浓度(B)	mol/L	0.003	0.006
摇床转速(C)	r/min	100	150
温度(D)	℃	20	40
液固比(E)	—	3	6
浸矿时间(F)	h	48	72
矿石平均粒径(G)	μm	75	125

表 3-5 Plackett-Burman 实验设计及浸出结果

编号	A	B	C	D	E	F	G	H	I	J	K	浸出率/%
1	−1	−1	−1	1	−1	1	1	−1	1	1	1	36.16
2	−1	1	−1	1	1	1	−1	1	1	−1	−1	44.59
3	−1	−1	−1	−1	−1	−1	−1	−1	−1	1	−1	28.26
4	1	1	−1	−1	1	−1	1	1	−1	1	1	45.72
5	1	1	1	−1	1	−1	−1	−1	1	1	−1	48.53
6	1	1	1	1	−1	1	1	−1	−1	−1	1	39.86
7	−1	−1	1	−1	1	1	−1	1	1	−1	1	28.12
8	1	1	−1	1	1	1	1	1	1	1	1	55.14
9	1	−1	1	1	1	−1	1	−1	−1	1	1	44.59
10	1	−1	−1	1	1	−1	−1	−1	1	−1	1	48.02
11	−1	1	1	1	−1	1	−1	1	−1	1	1	48.88
12	1	−1	−1	−1	1	−1	1	1	−1	1	1	37.26

3.4.2 因素选择实验结果分析

根据实验方案进行摇瓶浸矿实验,实验结果见表 3-5。对表 3-5 中铜浸出率进行线性拟合,得出浸出率 Y 与 7 个因素的方程为:

$$Y = 10.089\ 8 + 0.444\ 9A + 1\ 005.583B + 0.036\ 3C +$$
$$0.413\ 7D + 0.047\ 1E - 0.041\ 3F - 0.010\ 4G \tag{3-24}$$

利用 Design expert 软件对表 3-5 中的实验结果进行各因素的显著性分析,选取 $P < 0.05$ 的因素为主要影响因素,得到对浸出率影响最大的几个因素。表 3-6 列出了 7 个因素对于浸出率的贡献率。

表 3-6   单因素实验因素显著性分析

因素	单位	P 值	重要性排序
硫酸质量浓度(A)	g/L	0.003	2
表面活性剂浓度(B)	mol/L	0.002 1	1
摇床转速(C)	r/min	0.167 7	4
温度(D)	℃	0.003 7	3
液固比(E)	—	0.896 8	7
浸矿时间(F)	h	0.394 7	5
矿石平均粒径(G)	μm	0.637 7	6

通过表 3-6 中的 P 值可以看出,7 个因素中有 3 个的 P 值小于 0.05,属于显著因素,其显著程度为:表面活性剂浓度＞硫酸质量浓度＞温度。

(1)表面活性剂浓度。表面活性剂可降低溶液的表面张力,减小液体在矿石表面的接触角,利于溶液与矿石内表面的接触。特别是在矿石被完全浸润的条件下,表面活性剂吸附在矿石表面的孔裂隙上,使溶液更容易渗透到矿石内部。

(2)硫酸质量浓度。浸出反应主要是硫酸与目的矿物发生化学反应,与此同时,矿石中的碱性矿物会与硫酸发生中和,消耗掉一定量的硫酸,因此硫酸浓度对于浸出率的大小至关重要。

(3)反应环境温度。温度越高,浸出反应的速率越高,溶液中分子运动速度越快,溶液的对流扩散速度越大。同时温度的提升可以降低溶液的表面张力和黏度,减小溶液在矿石表面的接触角,有利于矿石表面的润湿作用。

3.4.3 主要实验因素中心点确定

响应曲面的拟合方程对各因素取值范围内的区域有效,对超出取值范围的区域无效。所以应该在最大浸出率附近区域内建立有效的响应曲面方程。根据 PB 实验设计获得显著因素后,通过最陡爬坡实验得到接近最佳浸出率的各因素取值范围,然后建立响应面拟合方程。最陡爬坡法实验值变化的梯度方向为爬坡方向,根据各因素效应值的大小确定变化步长,能快速、经济地逼近最佳区域。

依据 PB 实验结论确定爬坡方向,根据各因素响应值大小确定爬坡步长。式(3-24)中 B、A、D 的系数均为正,可以确定表面活性剂浓度、硫酸浓度和温度的最陡爬坡方向为正。此处确定 B 步长为 0.003、A 的步长为 10、D 步长为 5。最陡爬坡实验设计及结果见表 3-7。

表 3-7 最陡爬坡实验结果

步长	硫酸浓度(A)/(g/L)	表面活性剂浓度(B)/(mol/L)	温度(D)/℃	浸出率(Y)
$X+1\Delta x$	20	0.001	25	31.196
$X+2\Delta x$	30	0.004	30	44.627
$X+3\Delta x$	40	0.007	35	57.486
$X+4\Delta x$	50	0.010	40	55.429

最陡爬坡实验结果显示,浸出率在 $X+3\Delta x$ 到 $X+4\Delta x$ 之间有最高点。由于所选取的表面活性剂十二烷基硫酸钠的 CMC 为 0.008 mol/L,因此选取 $X+3\Delta x$ 为之后中心组合实验中心点。中心点实验条件为:硫酸浓度为 40 g/L,表面活性剂浓度为 0.007 mol/L,温度为 35 ℃。

3.5 表面活性剂助浸实验条件优化

响应曲面法是多元非线性回归方法,用来建模和分析目标响应受多个变量影响的问题,目的是对实验条件进行优化。响应曲面法利用合理的实验设计,通过实验获得数据,并采用多元二次回归方程拟合各因子与响应值之间的数学关系,实现对多变量的优化。

Box-Behnken 设计是一种效率较高的响应曲面设计方法,其特点是实验次数较少,且可估计一阶、二阶与一阶交互作用的多项式模型。采用该法可以在有限的实验次数条件下,对影响浸出率的因子及其相互间作用影响进行综合评价,而且还能对各实验因子进行优化,得到最优实验条件。

3.5.1 响应曲面实验设计

在通过 PB 实验和最陡爬坡实验得到影响浸出率的显著因素以及响应曲面的实验中心点后,以浸出率为指标应用 Box-Behnken 设计进行响应曲面实验。实验基于 3 水平的中心组合设计,考察硫酸浓度、表面活性剂浓度及温度 3 个因素对矿石浸出过程的影响,实验因素水平及编码如表 3-8 所列。

表 3-8 响应曲面实验因素水平编码

因素	水平		
	−1	0	1
x_1:硫酸浓度/(g/L)	20	40	60
x_2:表面活性剂浓度/(mol/L)	0.003	0.007	0.011
x_3:温度/℃	25	35	45

根据表 3-8 中 3 个因素的水平,得出了响应曲面实验的方案,如表 3-9 所列。

编号	硫酸浓度/(g/L)	表面活性剂浓度/(mol/L)	温度/℃	浸出率/%
1	20	0.007	45	50.58
2	40	0.003	25	48.58
3	20	0.003	35	38.54
4	40	0.003	45	46.16
5	60	0.011	35	59.82
6	40	0.007	35	58.97
7	40	0.007	35	56.69
8	40	0.007	35	55.69
9	60	0.007	25	60.48
10	40	0.011	45	60.98
11	20	0.011	35	48.35
12	60	0.007	45	65.93
13	40	0.007	35	56.35
14	40	0.007	35	58.52
15	40	0.007	35	59.66
16	60	0.003	35	54.75
17	40	0.011	25	47.21
18	20	0.007	25	44.80

表 3-9 　　　　　　　　　　响应曲面实验设计

3.5.2　响应曲面实验结果

响应曲面实验选取浸出率为响应值,每个响应值与实验因素硫酸浓度、表面活性剂浓度、温度的相互关系模型由二次多项式求得,即:

$$Y = \beta_0 + \sum_{i=1}^{n} \beta_i x_i + \sum_{i=1}^{n} \beta_{ii} x_i^2 + \sum_{i<j} \beta_{ij} x_i x_j \qquad (3-25)$$

式中　Y——响应值;

β_0——系数常数;

β_i——线性系数;

β_{ii}——二次方程系数;

β_{ij}——相互作用系数;

n——实验因素数量,本次实验为 3;

x_i, x_j——实验因素编码值。

响应曲面实验结果如表 3-9 所示,并由此拟合得到多元二次回归方程,即:

$$Y = 12.237\ 0 + 0.741\ 7x_1 + 3\ 184.791\ 7x_2 + 0.231\ 5x_3 -$$
$$14.812\ 5x_1x_2 - 4.125 \times 10^{-4}x_1x_3 + 101.187\ 5x_2x_3 -$$
$$3.208\ 3 \times 10^{-3}x_1^2 - 3.749 \times 10^5 x_2^2 - 9.158\ 3 \times 10^{-3}x_3^2 \quad (3\text{-}26)$$

式中 　Y——浸出率,%;

$\quad\quad x_1$——硫酸浓度,g/L;

$\quad\quad x_2$——表面活性剂浓度,mol/L;

$\quad\quad x_3$——温度,℃。

(1)实验值与预测值

根据式(3-26)计算得出浸出率的预测值。以实验值为横坐标、预测值为纵坐标定位坐标点,将预测浸出率和实验值进行对比分析,结果见图 3-9。

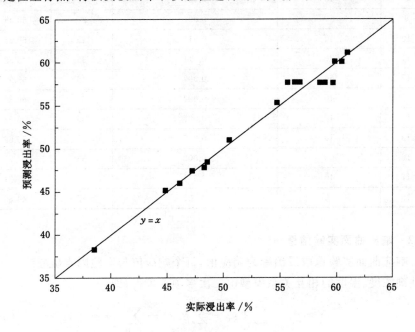

图 3-9　预测值与实验值对比

图 3-9 中大部分坐标点落在或靠近直线 $y = x$,离散性较小,部分直线以外的数据点呈对称分布。由此可知预测值与实验值非常接近,表明该数学模型适合描述实验因素与浸出率之间的相关性。即可认为该模型拟合效果良好,证明应用响应曲面法优化表面活性剂助浸实验条件是可行的。

(2)残差正态分布

内学生化残差(标准化残差)的分布见图 3-10。图 3-10 显示内学生化残差符合标准正态分布 $N(0,1)$,说明式(3-26)的拟合效果良好。

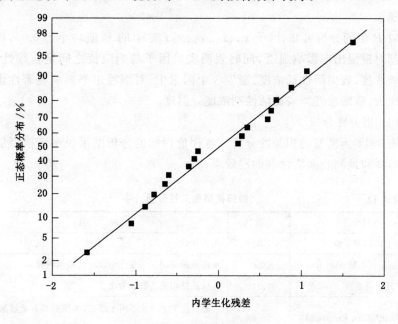

图 3-10 残差正态分布图

(3)方差和显著性分析

表 3-10 给出了浸出率回归模型的方差分析及系数显著性。

表 3-10   回归模型方差分析及系数显著性检验

数据源	平方和	自由度	均方	F 值	P 值
模型	849.82	9	94.42	51.55	<0.000 1
x_1	430.86	1	430.86	235.24	<0.000 1
x_2	100.32	1	100.32	54.77	<0.000 1
x_3	63.73	1	63.73	34.80	0.000 4
x_1x_2	5.62	1	5.62	3.07	0.118 0
x_1x_3	0.027	1	0.027	0.015	0.906 0
x_2x_3	65.53	1	65.53	35.78	0.000 3
x_1^2	7.19	1	7.19	3.92	0.082 9
x_2^2	157.00	1	157.00	85.72	<0.000 1
x_3^2	3.66	1	3.66	2.00	0.195 2
失拟项	1.66	3	0.55	0.21	0.883 4

由表 3-10 可知,模型的 F 值为 51.55,P 值$<$0.000 1,失拟项 P 值为 0.883 4$>$0.05,说明式(3-26)中各因子与响应值之间的非线性关系显著,实验方法可靠。

对 P 值的分析可知,因子 x_1、x_2、x_3、x_2x_3、x_2^2 的 P 值均小于 0.05,即这些因子都对铜浸出率影响显著,同时表明实验因子与响应值之间呈非线性关系。在硫酸浓度、表面活性剂浓度、温度 3 个因素中,对铜浸出率影响显著性由大到小依次为:硫酸浓度$>$表面活性剂浓度$>$温度。

(4) 相关性分析

表 3-11 为模型的相关性分析。各评价指标的分析结果说明该模型能够较好地解释和预测表面活性剂助浸效果。

表 3-11 回归模型相关性分析

评价指标	值	说　明
模型的相关系数(R^2)	0.983	相关性好
校正相关系数(Adj R^2)	$+0.964$	响应曲面96.4%的变化可以由此模型解释
预测复相关系数(Pred R^2)	0.948	与校正复相关系数较为吻合
信噪比(Adeq Precision)	26.99	一般该值大于 4 才可用于模拟,本模型具有足够的信号来用响应该设计

3.5.3　实验因素的交互作用

对于响应曲面的拟合结果,等值线形状和三维曲面可以反映出因素之间交互效应的强弱,若等值线区域内颜色变化越快,曲面越陡,说明两个因素对响应值的影响越显著。有学者认为等值线为椭圆形则表明交互作用显著,等值线为圆形则交互效应不显著。

(1) 因素 x_1、x_2 对浸出率的影响

图 3-11 为硫酸浓度与表面活性剂浓度交互影响的响应曲面及等值线图。

由图 3-11(a)可知,在实验水平范围内,浸出率与硫酸浓度呈现正相关,当硫酸浓度取得最大值时,浸出率达到最高点。当表面活性剂浓度小于 0.006 mol/L 时,浸出率值较低。当表面活性剂浓度大于 0.006 mol/L 时,浸出率值随着温度值的升高而加大。当硫酸浓度等于 60 g/L、表面活性剂浓度取值在 0.008~0.01 mol/L 之间时,浸出率取得最大值。

通过图 3-11(b)可以看出,当表面活性剂浓度小于 0.006 mol/L 时,浸出率的等值线近似直线,说明在此条件下两个实验因素的交互作用不明显;并且等值线近乎平行于 x 轴(硫酸浓度),说明表面活性剂对浸出率的影响更大。当表面

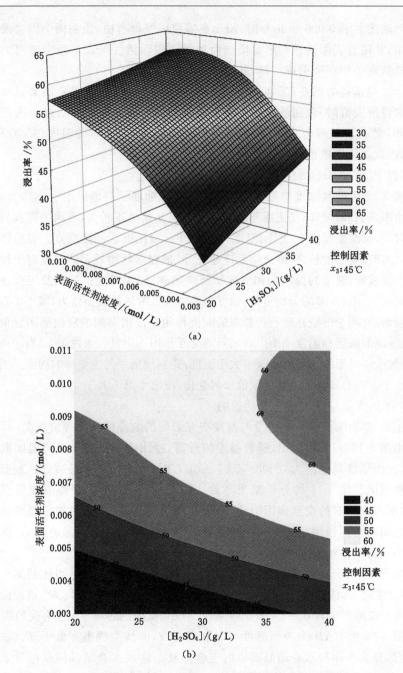

图 3-11 硫酸浓度与表面活性剂浓度关系响应曲面及等值线图

(a) 响应曲面图；(b) 等值线图

活性剂浓度大于 0.006 mol/L 时,浸出率等值线变得弯曲,说明两个因素发生交互作用,并随着表面活性剂浓度增加而加强。表面活性剂在溶液中电离出的离子与硫酸离子相互吸引或抑制,共同影响铜矿石浸出。

十二烷基硫酸钠在常温时的 CMC 值为 0.008 mol/L。实验结果显示当浸出率取得最大值时,表面活性剂浓度取值为 0.008~0.01 mol/L,此范围已超过其 CMC 值。这是因为 CMC 值随温度的升高而增大,此时的温度(45 ℃)高于常温,因此该浓度取值范围合理。

(2)因素 x_1、x_3 对浸出率的影响

图 3-12 为硫酸浓度与温度交互影响的响应曲面及等值线图。

由图 3-12(a)可知,浸出率与硫酸浓度和温度均呈正相关,当两个因素均取最大值时,即硫酸浓度为 60 g/L、温度为 45 ℃时,浸出率达到最高点。硫酸作为铜矿石浸出剂,其浓度越高,则化学反应越充分,铜被溶解得越多。温度对于浸出反应也十分重要,温度的提高会加大化学反应速率,加大对流扩散以及溶质迁移速率。同时,由 2.4.3 节的分析可知,温度提高将降低溶液的表面张力、减小矿石表面的接触角,有利于溶液在矿石孔裂隙的润湿作用。浸出率的响应曲面图近似于平面,说明硫酸浓度和温度两个因素之间的交互作用不明显。通过图 3-12(b)可以看出,硫酸浓度对于浸出率的贡献率大于温度,是铜浸出率的主要影响因素。当硫酸浓度小于 25 g/L 时,无论温度取值如何变化,浸出率都不大于 55%。

(3)因素 x_2、x_3 对浸出率的影响

图 3-13 为表面活性剂浓度与温度交互影响的响应曲面及等值线图。

由图 3-13(a)可以看出,随着温度的升高,浸出率逐渐增大。当温度取最大值,且表面活性剂浓度为 0.008~0.01 mol/L 时,浸出率达到最高点。表面活性剂取值范围与图 3-11 的分析结果一致。图 3-13(b)中浸出率等值线呈现椭圆形,说明两个因素的交互作用明显,二者存在协同作用,共同影响浸出率。两种因素之间的协同作用主要体现在温度对表面活性剂在水中溶解的影响,同时也会影响表面活性剂的 CMC。

离子型表面活性剂在水中的溶解度随着温度上升而增加,当达到某一温度时,溶解度陡升,该温度被称为临界溶解温度,以 T_k 表示。在 T_k 时,该表面活性剂的溶解度即等于其 CMC。图 3-14 为十二烷基硫酸钠溶液与温度有关的相图。

图 3-14 中 CAB 为表面活性剂溶解度曲线,曲线左侧温度低于 T_k(虚线左侧)的部分为单体与水合结晶固体的混合溶液。这些水合结晶体是过量表面活性剂在较低温度下因溶解度低而析出的,此时增加表面活性剂浓度只会析出水合固体而不会形成胶束。在温度大于 T_k 时(虚线右侧)水合结晶体与胶束共存。CAD 曲线右侧为胶束溶液相,此温度条件下提高表面活性剂浓度将使溶液

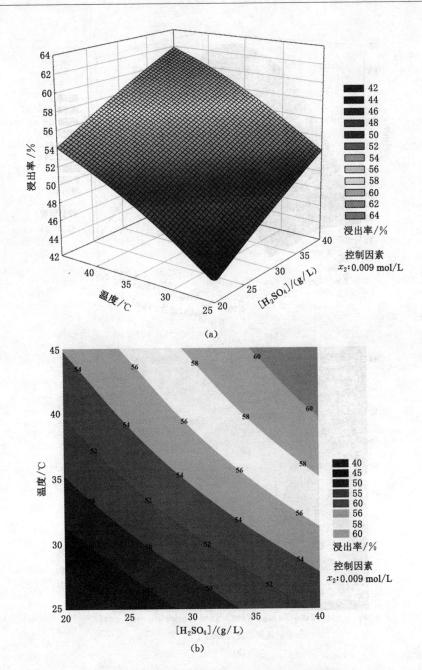

图 3-12 硫酸浓度与温度关系响应曲面及等值线图

(a) 响应曲面图；(b) 等值线图

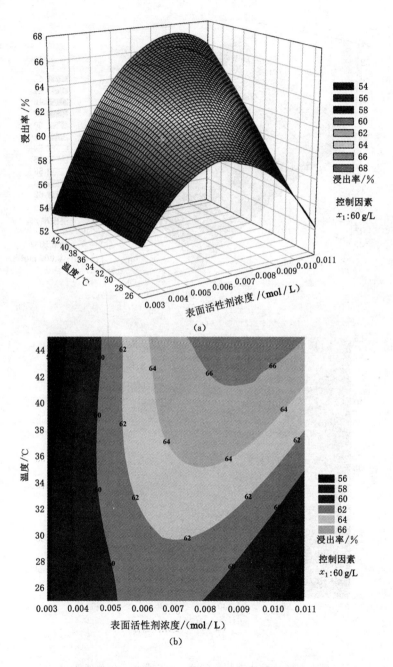

图 3-13　表面活性剂浓度与温度关系响应曲面及等值线图

（a）响应曲面图；（b）等值线图

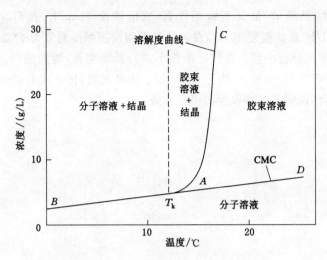

图 3-14 十二烷基硫酸钠-水体系部分相图

中胶束增加,同时结晶固体量逐渐减少直至消失。BAD 为临界胶束浓度曲线,曲线下面部分为分子态的单体溶液相。由 BAD 曲线可以看出,表面活性剂的 CMC 随着温度的升高而加大,因此本次实验得出的表面活性剂最佳浓度大于常温时的 0.008 mol/L 是合理的。

产生上述现象的原因是,当干燥的表面活性剂被液体完全浸润时,水分子进入表面活性剂的亲水层,增大了双分子之间的距离。当温度低于 T_k 时,水合结晶固体析出并与表面活性剂饱和溶液保持平衡;当温度高于 T_k 时,水合分子转为液态,并形成胶束溶液。表面活性剂溶解度增加,热力学值如焓、熵、偏摩尔自由能及活性均保持恒定。可将胶束视为"拟相",固相、液相和拟相之间的平衡点决定了 T_k 值的大小。

3.5.4 实验条件优化验证

通过限定约束条件,对式(3-26)进行带约束条件的非线性规划,优化方案及结果如表 3-12 所列。

表 3-12 浸出率最优参数设计

因素	硫酸浓度 /(g/L)	表面活性剂浓度 /(mol/L)	温度/℃	铜浸出率/%	
				预测值	实验值
下限	20	0.003	25	38.53	—
上限	60	0.011	45	65.93	—
选择方案	60	0.009 14	45	67.24	66.81

如优化结果所示,最佳实验条件为:硫酸浓度 60 g/L、表面活性剂浓度 0.009 14 mol/L、最佳温度 45 ℃,在该条件下铜浸出率预测值为 67.24%。优化条件取值与前文分析一致。在优化条件下进行验证实验,得到铜浸出率分别为 66.14%、67.08%、67.22%,平均为 66.81%。结果表明,优化实验的实验值和预测值较为吻合,说明实验选取预测模型有效。

4　表面活性剂影响矿石表面润湿性能实验研究

　　矿石发生浸出反应始于固液接触作用,矿石颗粒是有价元素的载体,而溶液是实现有价元素提取的媒介,矿石表面具有良好的润湿性能是矿石获得理想浸出效果的关键前提。根据矿石与溶液之间固液接触的影响因素分析可知,矿石及溶液性质的变化均会引起矿石润湿性能的改变。添加表面活性剂会改变溶液性质,最显著的作用即为降低表面张力,对矿石表面发生润湿作用是有利的。同时,浸出反应又改变了矿石的性质。矿石是颗粒或晶体互相胶结的集合体,并包含大量的孔裂隙,溶液对矿石的浸出反应属于复杂的物理化学过程,此过程将导致矿石成分的改变以及结构的破坏,造成矿石表面形貌改变以及元素重新分布。因此,浸出过程对矿石表面的固液作用具有很大影响。

　　浸出过程中矿石颗粒表面不断发生侵蚀和沉积,造成表面形貌发生很大的变化。浸出前矿石颗粒表面由致密的块状结构组成;浸出后矿石表面结构疏松、孔隙增多,矿石比表面积增大。同时,浸出作用使孔裂隙扩展、深入,利于溶液进入矿石内部并继续发生化学反应。浸出过程中矿石表面某些化学元素(如 Cu、Al、K 等)发生溶解,并随溶液渗流而离开浸出体系,因此元素含量降低;另一些化学元素(如 Ca、Fe、S 等)从矿石表面和内部溶解进入溶液以后,形成沉淀附着在颗粒表面,这些元素含量有所升高。

4.1　实验材料和原理

4.1.1　实验矿石

　　采用云南某铜矿的原矿开展矿石表面润湿性能测试实验。实验前,使用电动砂轮将矿石表面打磨平整。

4.1.2　实验原理

　　(1) 矿石表面润湿性能评价方法

　　借鉴滴高法评价矿石表面的润湿性能,该方法的原理为测定液体在固体表面上形成液滴的高度来得到铺展系数,如图 4-1 所示。

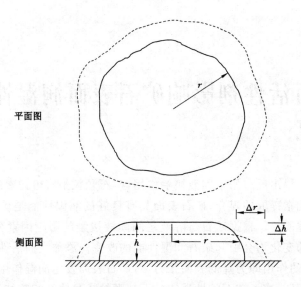

平面图

侧面图

图 4-1　液滴在矿石表面铺展示意图

　　图 4-1 中矿石表面液滴的平均半径为 r，液滴的高度为 h。假设此液滴与矿石表面交界的圆半径扩大了 Δr，相应液滴的高度则降低了 Δh。由于液体与固体接触面扩大了 $2\pi r\Delta r$，故体系的表面自由能增加了 $2\pi r\Delta r(\sigma_{\text{l-s}}+\sigma_{\text{l-g}}-\sigma_{\text{s-g}})$。另外，由于滴高下降，液滴的位能降低了 $1/2\rho gV\Delta h$，因为体系是处于平衡状态，所以两个能量的变化相等，即：

$$2\pi r\Delta r(\sigma_{\text{l-s}}+\sigma_{\text{l-g}}-\sigma_{\text{s-g}})=\frac{1}{2}\rho gV\Delta h \tag{4-1}$$

式中　ρ——液体密度，kg/m^3；

　　　V——液滴体积，m^3；

　　　g——重力加速度，m/s^2。

　　假设液滴在固体表面上的形状是圆柱体（即略去边效应），则

$$(2\pi r\Delta r)h=\frac{V}{h}\Delta h \tag{4-2}$$

　　联立式(4-1)，可得：

$$\sigma_{\text{s-g}}-\sigma_{\text{l-s}}-\sigma_{\text{l-g}}=-\frac{1}{2}\rho gh^2 \tag{4-3}$$

　　将式(4-3)联合式(2-18)，可得：

$$S=-\frac{1}{2}\rho g\left(\frac{V}{A}\right)^2 \tag{4-4}$$

式中　A——液滴铺展面积，m^2。

由式(4-4)可知,矿石表面的铺展系数与液滴铺展面积有关。铺展系数越大,说明该液体在矿石表面上的润湿能力越强。通过测量矿石表面液体的体积及铺展面积可得出铺展系数的变化规律,从而评价矿石表面润湿性能。

(2) 矿石表面粗糙度分析原理

溶液与矿石之间的化学反应使矿石表面发生侵蚀,改变矿石表面形貌及粗糙度,对矿石表面的润湿性产生影响。根据 2.4.1 节的分析,用粗度因子表征矿石表面的粗糙程度,粗度因子等于真实面积与表观面积之比,如式(4-5)所示。

$$r = \frac{A}{a} \tag{4-5}$$

式中　r——粗度因子;

　　　A——矿石表面的真实表面积;

　　　a——矿石表面的表观面积。

因此,通过测量不同浸出程度矿石的真实表面积,来对比分析矿石表面被侵蚀的程度。

4.1.3　实验仪器及装置

(1) 溶液铺展过程图像记录装置

由于实验矿石自身具有良好的润湿性,液滴在矿石表面的铺展运动速度较快。为了准确反映液滴面积随时间的变化,采用 FR-200 高速摄像机进行实验记录。该摄像机的记录间隔极小,最短曝光时间为 10 μs,设备的性能参数如表 4-1 所列。

表 4-1　　　　　　　　　　**FR-200 高速摄像机参数**

性　　能	参　　数
分辨率	640×480
像素大小	(7.4×7.4) μm
图像拍摄速率	205 fps
灰度值	8-bit dynamic range
快门速度	10 μs～20 ms

(2) 矿石表面形貌观察设备

采用超景深体视显微镜(VHX-2000 型)对实验中矿石表面微观形貌进行观察。该显微镜是一款集成了观察、记录和测量等功能的一体化装置,可以从0.1～5 000 倍的范围实现显微镜观测、立体成像。该设备可以测量距离、弧度、深度、不规则曲面的面积和体积等参数。使用体视显微镜观测矿石表面形貌的结果如图 4-2 所示,其中图 4-2(b)为立体成像后的图像。使用体视显微镜的立体成像技术可以观测矿石表面形貌,利用显微镜配套软件中的测量工具可获取矿石表面轮廓曲线以及真实表面积,由此可计算得出矿石表面的粗糙程度。

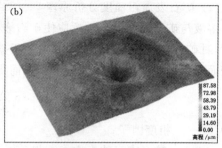

图 4-2　矿石表面形貌观测及立体成像

4.1.4　实验方案

矿石表面润湿性测试实验考察硫酸浓度和表面活性剂添加量两个变量,重点考察浸出反应、表面张力、矿石表面形貌等因素对润湿性的影响。根据不同硫酸浓度和表面活性剂添加量,共设置 9 组实验,如表 4-2 所列。第 1～5 组中的变量为硫酸质量浓度,目的是考察不同酸度溶液在矿石表面的铺展效果;第 4、6～9 组中的变量为表面活性剂添加量,考察不同表面活性剂浓度对矿石表面润湿性的影响。

表 4-2　　　　　　　　矿石表面润湿性能实验方案

实验编号	硫酸质量浓度/(g/L)	表面活性剂浓度/(mol/L)
1	0	0
2	10	0
3	20	0
4	30	0
5	40	0
6	30	0.002
7	30	0.004
8	30	0.006
9	30	0.008

实验时使用移液枪将溶液滴在矿石表面,溶液体积为 200 μL。为了使实验条件保持一致,移液枪吸头距矿石表面的距离保持一致,同时控制溶液初始速度为较低状态。

4.2 硫酸浓度对矿石润湿性能的影响

4.2.1 溶液铺展面积随时间的变化

在测量矿石表面润湿性的实验中,采用高速摄像机对不同硫酸浓度溶液在矿石表面的铺展过程进行记录。应用 Image Pro 软件可获取各时刻的液滴形貌,从中截取具有代表性的图像,经过灰度处理后进行叠加,如图 4-3 所示。

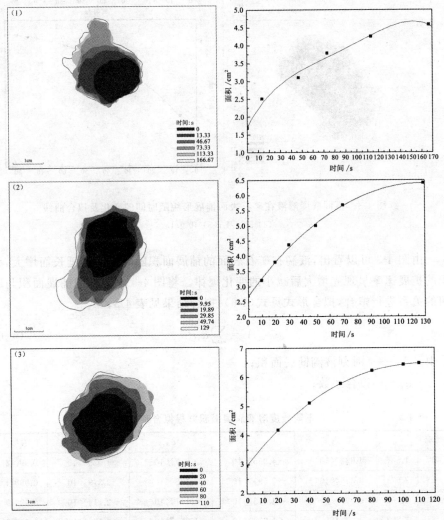

图 4-3　不同酸度溶液在矿石表面铺展形貌随时间的变化及拟合曲线
(1) 0 g/L;(2) 10 g/L;(3) 20 g/L

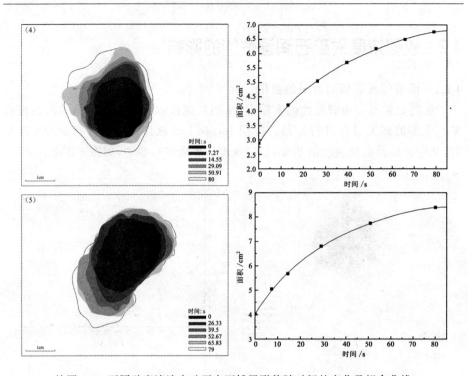

续图 4-3　不同酸度溶液在矿石表面铺展形貌随时间的变化及拟合曲线
(4) 30 g/L；(5) 40 g/L

由图 4-3 可以看出，液滴在矿石表面的铺展面积随着时间的延长而增大，面积的扩展速率呈现先增大后减小的变化规律。将图 4-3 中液滴的铺展面积与时间的关系进行拟合，拟合形式见式(4-6)，拟合结果见表 4-3。

$$A = \sum_{i=0}^{4} a_i t^i \qquad (4\text{-}6)$$

式中　A——t 时刻液滴铺展面积；

　　　a_i——拟合系数。

表 4-3　　　　　　　　不同酸度溶液润湿面积方程拟合系数

编号	a_0	a_1	a_2	a_3	a_4	R^2
1	1.837	4.632×10^{-2}	-4.965×10^{-4}	3.617×10^{-6}	-1.029×10^{-8}	0.990 2
2	2.671	6.355×10^{-2}	-3.591×10^{-4}	1.138×10^{-6}	-3.379×10^{-9}	0.998 4
3	2.955	6.997×10^{-2}	-4.413×10^{-4}	1.141×10^{-6}	-2.414×10^{-9}	0.999 9
4	2.892	0.120	-1.858×10^{-3}	1.850×10^{-5}	-8.178×10^{-8}	0.999 8
5	4.045	0.146	-2.398×10^{-3}	2.427×10^{-5}	-1.077×10^{-7}	0.999 4

　　将图4-3中的5组曲线在同一坐标系中表示,如图4-4所示。在同一时刻,硫酸浓度越大,溶液在矿石表面的铺展面积越大,矿石表面的润湿性能越好,说明增加硫酸浓度有利于溶液在矿石表面的扩展。通过对比图4-4中各组曲线斜率可以看出,在实验初期扩展速率为增长阶段,硫酸浓度为40 g/L的第5组扩展速率最大,而作为对照组的第1组中液滴扩展速率最小。在实验后期,液滴铺展面积扩展速度减小直至为0,润湿面积大小基本不随时间延长而发生变化,主要有两方面原因:① 此时液滴厚度已经很小,液滴自身重力势能不足以克服表面自由能的阻碍作用;② 矿石表面存在微孔裂隙,液体竖直方向的运动行为超过了水平方向。

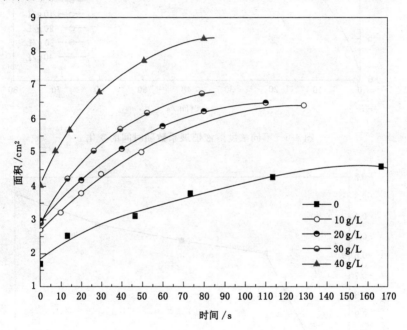

图 4-4　不同酸度溶液在矿石表面铺展面积随时间的变化

4.2.2　铺展系数与硫酸浓度的关系

　　由式(4-4)可知,液滴在矿石表面的铺展系数与铺展面积相关,因此根据图4-4中的结果得到铺展系数(S)的变化规律,如图4-5所示。

　　铺展系数与时间紧密相关,不同时刻铺展面积大小不同,得到的铺展系数也不相同。为分析矿石表面铺展系数与硫酸浓度的关系,取同一时刻($t=75$ s)的液滴面积进行分析。根据式(4-4)计算得出 $t=75$ s时各组溶液的铺展系数,结果如图4-6所示。

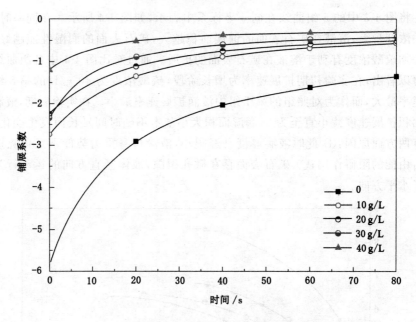

图 4-5　不同酸度溶液铺展系数随时间的变化

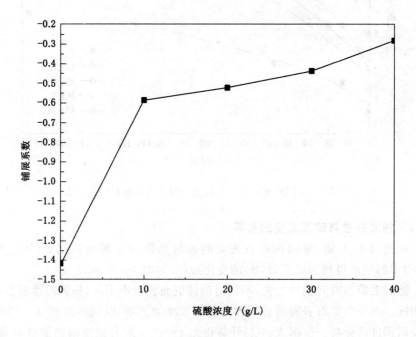

图 4-6　铺展系数与硫酸浓度的关系

由图 4-6 可以看出,液滴矿石表面的铺展系数随着硫酸浓度的增长而加大。当硫酸浓度由 0 增加至 10 g/L 时铺展系数出现了明显的跳跃,说明硫酸溶液比水容易在矿石表面铺展,这是由于化学反应的作用促进了矿石表面的固液接触作用。随着硫酸浓度的增加,矿石表面的化学反应程度加大,固液接触作用加强。

4.2.3　接触角与硫酸浓度的关系

在铺展的过程中,液体在矿石表面处于不平衡状态,矿石表面的接触角亦不断发生变化。根据式(2-34)可知,铺展系数可由接触角和表面张力表示。由图 3-4 可以得到硫酸溶液的表面张力,因此,根据图 4-6 中的结果可得出接触角大小与硫酸浓度的关系,如图 4-7 所示。由图 4-7 可知,添加硫酸之后,溶液在矿石表面的接触角降低幅度较大。这是因为硫酸与矿石表面的矿物发生了化学反应,液滴处于非平衡状态。接触角随化学反应程度的增加而减小,即硫酸浓度越大,矿石表面的接触角越小。此时的接触角应称为反应接触角(θ_r),θ_r 与平衡接触角(θ)的关系如下:

$$\theta_r = \alpha \cdot \theta \tag{4-7}$$

式中　α——浸出反应系数,取值为 0~1。

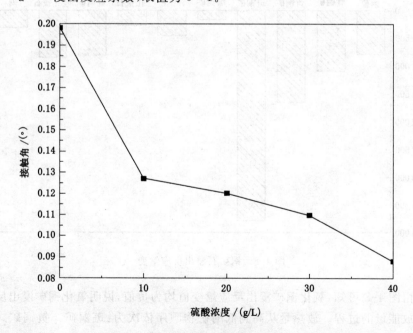

图 4-7　矿石表面接触角与硫酸浓度的关系

根据式(4-7)及图 4-7 可知 θ_r 的大小与硫酸浓度呈负相关,硫酸浓度越大,θ_r 越小。即矿石表面化学反应越强烈,α 值越小。

添加硫酸后的溶液在矿石表面的接触角出现了减小的现象,可以从能量和力学两个角度分析浸出反应引起接触角发生变化的原因。

(1) 反应型固液界面能量分析

当矿石与溶液接触时,瞬间即发生化学反应。利用热力学第一定律,在标准状态下,一个化学反应的标准焓变如式(4-8)所示。

$$\Delta_r H_{298}^{\ominus} = \sum v_i \Delta_f H_{298,i}^{\ominus} \qquad (4-8)$$

式中　$\Delta_r H_{298}^{\ominus}$——在标准状态下化学反应的焓变值,J/mol;

　　　　$\Delta_f H_{298,i}^{\ominus}$——物质 i 在 298 K 的标准生成焓,J/mol;

　　　　v_i——反应方程中物质 i 的化学计量数。

根据化学反应式(4-8)在恒压状态(1 atm)下,若焓变值 $\Delta H < 0$,表明体系能量增加,向环境放出热量;反之,若焓变值 $\Delta H > 0$,表明体系能量减少,需从外界环境中吸收热量。铜矿石浸出反应焓变计算结果如图 4-8 所示。

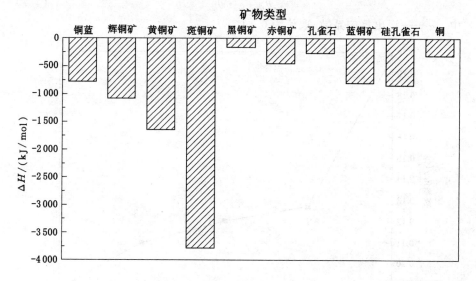

图 4-8　铜矿石浸出反应焓变

由图 4-8 可知,氧化铜矿浸出反应焓变值均为负值,说明氧化铜矿浸出反应为释放能量的过程。放热量从高到低的矿物顺序依次为:斑铜矿＞黄铜矿＞辉铜矿＞硅孔雀石＞蓝铜矿＞铜蓝＞赤铜矿＞铜＞孔雀石＞黑铜矿。体系的总能量是增加的,导致了固液界面的沾湿功(W_a)增加。由式(2-33)可知,W_a 的增加必将导致 θ 减小。

　　反应型非平衡润湿体系中固体表面能(固体表面张力)、液体表面能(液体表面张力)和固液界面能(固液界面张力)之间的关系,如式(4-9)所示。

$$\sigma_{s\text{-}g} = \sigma_{s\text{-}l} + \sigma_{l\text{-}g} \cdot \cos\theta + \frac{r}{4} \frac{d\sigma_{s\text{-}l}}{dr} \tag{4-9}$$

式中　r——固液界面半径。

　　式(4-9)是对平衡体系 Young 方程的一个修正,当固液界面能($\sigma_{s\text{-}l}$)的大小不变时,$d\sigma_{s\text{-}l}/dr=0$,则式(4-9)为 Young 方程的平衡态。由此可知式(4-9)是一个具有普遍意义的通式,描述的是一个即刻状态下三相能量之间的关系,而 Young 方程的平衡态是反应固液界面能量关系的一个特例。由于固液界面原子不断地发生扩散,$\sigma_{s\text{-}l}$不断减小,因此始终存在 $d\sigma_{s\text{-}l}/dr \leqslant 0$。

　　(2)反应型固液界面力学分析

　　目前对于通过润湿性研究反应型固液界面三相张力之间的关系,尚没有获得统一的数学表达式,许多研究是对反应型润湿现象与结果的描述。但是,反应型固液界面力学特征与平衡接触时不同是得到公认的。

　　针对反应型润湿体系,Yost 认为界面性质改变所释放能量是反应润湿的主要驱动力,并提出了反应型润湿的驱动力由两部分构成:

$$\frac{1}{2\pi r} \cdot \frac{dE}{dr} = \Delta G_f + \Gamma(\theta) \tag{4-10}$$

式中　E——体系自由能;

　　　G_f——固液界面处新相形成的驱动力;

　　　$\Gamma(\theta)$——非平衡界面张力的驱动力;

　　　r——液滴基底半径。

　　Attar 等根据非平衡状态时反应界面的接触角 θ_r,认为固液界面存在非平衡合力 F_x,并推出下式:

$$F_x = \frac{3}{2r} \cdot \sigma_{l\text{-}g} \cdot (\theta - \theta_r) \cdot \sin\left(\frac{\theta + \theta_r}{2}\right) \tag{4-11}$$

　　式(4-11)说明驱动力 F_x 的大小与界面反应前后接触角的差值有关。根据图 2-5 中的接触角模型,可以确定 F_x 的方向与 $\sigma_{s\text{-}g}$ 相同,如图 4-9 所示。

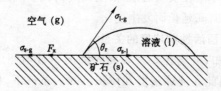

图 4-9　浸出反应界面固液受力分析

在图 4-9 中可以看出,化学反应产生的驱动力使得液滴破坏了非反应时的平衡受力状态。液滴在驱动力的作用下在矿石表面铺展,同时液滴的 θ 也减小为 θ_r。

4.3 表面活性剂浓度对矿石润湿性能的影响

4.3.1 溶液铺展面积随时间的变化

对不同表面活性剂浓度的溶液在矿石表面的铺展过程进行图像记录,并对铺展面积与时间的关系进行曲线拟合,如图 4-10 所示。

根据式(4-6),将图 4-10 中液滴面积与时间的关系进行多项式拟合,拟合方程的参数如表 4-4 所列。

表 4-4　　　　　不同表面活性剂浓度溶液润湿面积方程拟合系数

编号	a_0	a_1	a_2	a_3	a_4	R^2
6	3.884 5	0.258 4	$-6.029\ 2\times10^{-3}$	$7.483\ 0\times10^{-5}$	$-3.598\ 1\times10^{-7}$	0.999 1
7	5.610 3	0.225 8	$-5.591\ 2\times10^{-3}$	$1.007\ 0\times10^{-4}$	$-7.395\ 0\times10^{-7}$	0.999 9
8	6.052 9	0.283 0	$-6.939\ 0\times10^{-3}$	$1.169\ 7\times10^{-4}$	$-7.951\ 8\times10^{-7}$	0.998 0
9	5.718 3	0.418 9	$-1.495\ 9\times10^{-2}$	$3.289\ 5\times10^{-4}$	$-2.900\ 0\times10^{-6}$	0.999 1

由图 4-10 可以看出,液滴在矿石表面的铺展面积随着时间延长而增大,面积的扩展速率呈现先增大后减小的变化规律。为对比不同表面活性剂浓度溶液的铺展过程,将第 4、6～9 组曲线合并到同一坐标系中,如图 4-11 所示。溶液铺展面积曲线与表面活性剂浓度有密切关系,在同一时刻,表面活性剂浓度越大,溶液在矿石表面的铺展面积越大,矿石表面的润湿性能越好,说明增加表面活性剂浓度有利于溶液的扩展。

通过对比图 4-11 中各组曲线斜率可以看出,在实验初期为扩展速率增长阶段,表面活性剂浓度为 0.008 g/L 的第 9 组扩展速率最大,而作为对照组的第 4 组中液滴扩展速率最小。在实验后期,液滴铺展面积扩展速度减小直至为 0,润湿面积大小基本不随时间延长而发生变化。

4.3.2 铺展系数与表面活性剂浓度的关系

根据式(4-4)可知,液滴在矿石表面的铺展系数与铺展面积、液体密度以及液滴体积相关。因此在液体密度和体积已知的条件下,根据图 4-11 中铺展面积与时间之间的关系,可得到铺展系数随铺展时间的变化规律,如图 4-12 所示。

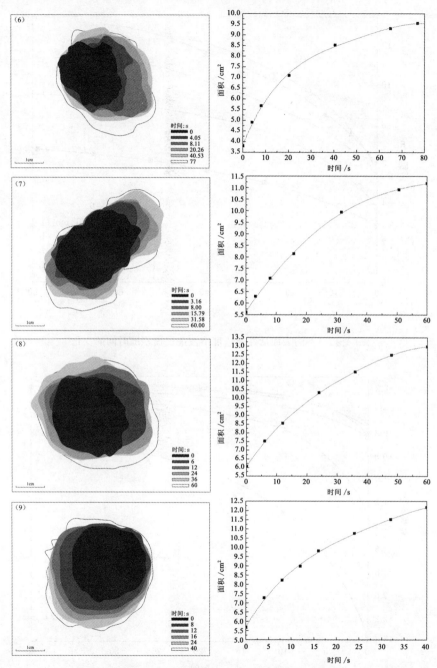

图 4-10　不同表面活性剂浓度溶液铺展形貌随时间的变化及拟合曲线

(6) 0.002 mol/L；(7) 0.004 mol/L；(8) 0.006 mol/L；(9) 0.008 mol/L

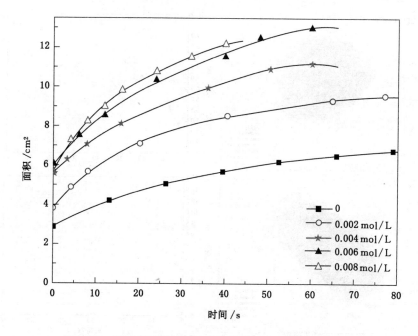

图 4-11　不同表面活性剂浓度溶液铺展面积随时间的变化

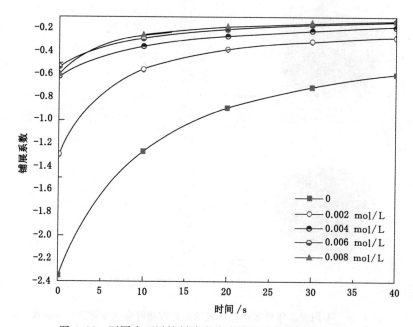

图 4-12　不同表面活性剂浓度溶液铺展系数随时间的变化

　　铺展面积是一个与时间相关的函数,液滴铺展时间越长,铺展面积越大。根据式(4-4)计算得出 $t=40$ s 时各组溶液的铺展系数,计算结果如图 4-13 所示。可以看出,液滴矿石表面的铺展系数随着表面活性剂浓度的增长而加大。当表面活性剂浓度由 0 增加至 0.002 mol/L 时,铺展系数由 -0.60 迅速上升至 -0.27,出现了跳跃,这说明表面活性剂对矿石表面润湿性的改善作用十分明显。随着表面活性剂浓度增加,溶液表面张力减小,矿石与溶液之间的固液接触作用加强。

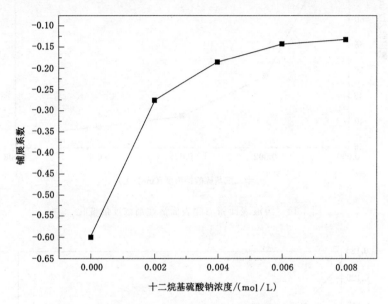

图 4-13　铺展系数与表面活性剂浓度的关系

4.3.3　接触角与表面活性剂浓度的关系

　　根据式(2-34)可知,矿石表面的接触角与铺展系数和溶液表面张力相关。因此,在已知铺展系数和溶液表面张力的条件下,即可得到矿石表面的接触角。溶液表面张力与十二烷基硫酸钠浓度之间的关系如图 4-14 所示。当十二烷基硫酸钠浓度为 0 时,水的表面张力为 80 mN/m;当添加量为 0.002 mol/L 时,溶液表面张力降低至 49 mN/m;当添加量达到 0.008 mol/L 时(常温条件下的 CMC),溶液表面张力降至最低,为 37.5 mN/m。

　　根据图 4-13 和图 4-14 中的数据可得出接触角与表面活性剂浓度的关系,如图 4-15 所示。

　　由图 4-15 可知,添加表面活性剂之后,溶液在矿石表面的接触角降低幅度较大。这是因为添加表面活性剂后,矿石表面上液滴的受力发生了变化,如图 4-16 所示。

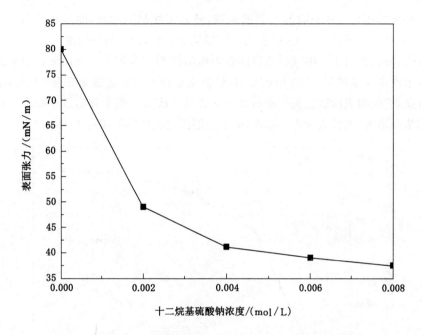

图 4-14　溶液表面张力随表面活性剂浓度的变化

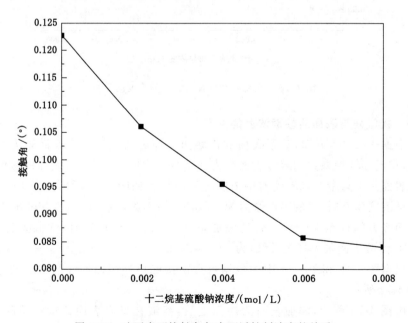

图 4-15　矿石表面接触角与表面活性剂浓度的关系

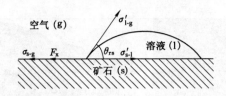

图 4-16　表面活性剂溶液在矿石表面的受力分析

从图 4-16 可以看出,添加表面活性剂后溶液表面张力和固液界面张力均减小,接触角 θ_r 减小为 θ_{rs},因此式(4-7)变为:

$$\theta_{rs} = \alpha \cdot \beta \cdot \theta \tag{4-12}$$

式中　θ_{rs}——表面活性剂条件的反应接触角;

　　　β——表面活性系数,取值为 0~1 之间。

θ_{rs} 的大小与表面活性剂浓度呈负相关,表面活性剂浓度越大,θ_{rs} 越小,即 β 值越小。β 值取决于液体的表面活性,主要受溶液中表面活性溶质的影响。同时,根据图 2-12 中的分析,硫酸浓度同样影响溶液的表面张力,即影响 β 值。

矿石表面是含有多种矿物、布满孔裂隙的复杂表面,且并不是所有矿物均可参与化学反应,因此借鉴式(2-13)、式(2-14)和式(2-43),定义表面活性剂条件下浸出反应矿石表面"真实接触角(θ_A)",并建立其数学表达式如下:

$$\cos \theta_A = \sum_{i=0}^{n} x_i r_i \cos(\alpha \cdot \beta \cdot \theta) + \sum_{j=0}^{m} y_j r_j \cos(\beta \cdot \theta) + \sum_{k=0}^{p} z_k \tag{4-13}$$

式中　x_i——可发生化学反应的矿物表面所占的百分比;

　　　y_j——不发生化学反应的矿物表面所占的百分比;

　　　z_k——矿石表面孔隙的面积分数;

　　　r_i,r_j——不同矿物表面的粗糙度因子。

4.4　矿石表面润湿性能随浸出时间变化

为考察浸出过程中化学反应对矿石表面润湿性的影响,将表 4-2 中的第 4 组和第 9 组矿石分别在各自溶液中浸泡,并定期观测矿石表面形貌。通过对比浸出过程中矿石表面形貌特征,分析矿石表面粗糙程度、润湿性能随浸出时间的变化规律。

4.4.1　矿石表面形貌演化

使用体视显微镜观测两组矿石表面形貌,并通过立体成像技术进行对比分析。同时,绘制矿石表面具有代表性的轮廓曲线,定量表征矿石表面的凹凸程度,结果如图 4-17 和图 4-18 所示。

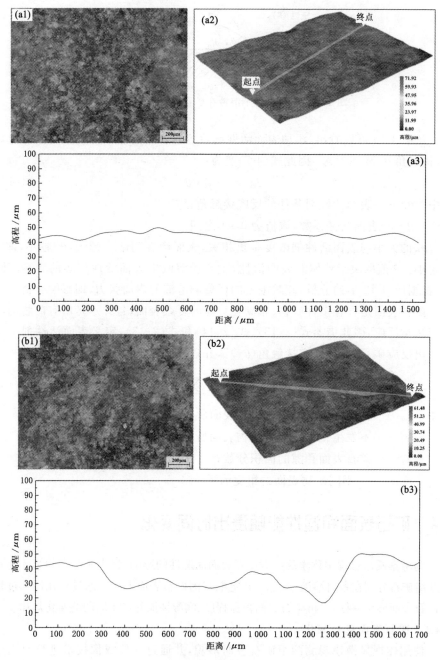

图 4-17　第 4 组矿石表面形貌及轮廓线随时间变化

(a) $t=0$；(b) $t=48$ h

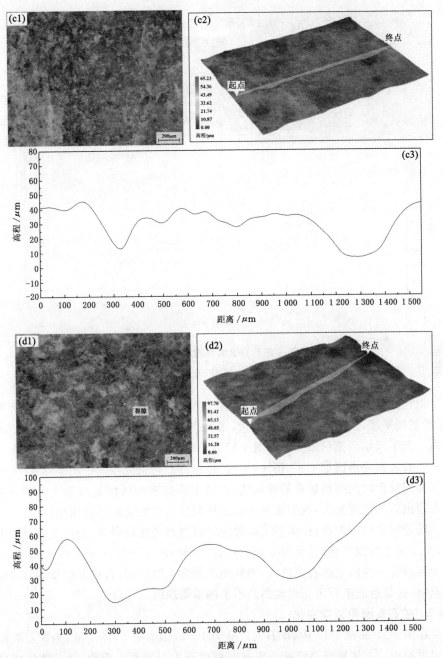

续图 4-17 第 4 组矿石表面形貌及轮廓线随时间变化

(c) $t=96$ h；(d) $t=144$ h

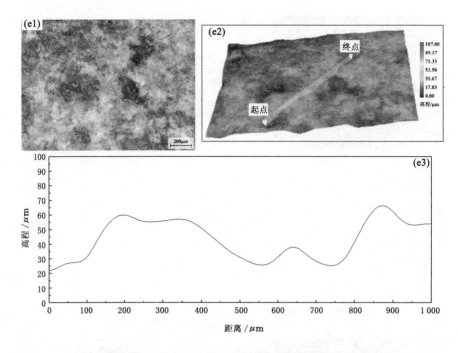

续图 4-17　第 4 组矿石表面形貌及轮廓线随时间变化

（e）$t=192$ h

　　对比图 4-17(a3)和图 4-18(a3)可以看出,在浸出反应前,矿石表面较为平整,轮廓线平缓,没有明显的高低起伏,最高点与最低点之间的高程差为 20 μm 左右。到了浸出后期(192 h),如图 4-17(e3)和图 4-18(e3)所示,特征轮廓曲线显示矿石表面变得高低不平,图 4-18(e3)中最高点与最低点间的高差达 90 μm。对比相同浸出时间两组矿石的轮廓线,溶液中添加表面活性剂的第 9 组矿石表面在浸出后粗糙度更大,说明添加表面活性剂强化了酸液的侵蚀作用。

　　随着浸出反应的进行,矿石表面被溶液侵蚀痕迹比较明显,表面变得粗糙不平,并出现了裂隙及孔洞[见图 4-18(c1)、图 4-18(d1)]。从图中可以看出,矿石表面嵌布着一些白色的石英颗粒,当其他矿物发生溶解时,石英颗粒并不参与化学反应,这是造成矿石表面出现凹凸不平的重要原因。

4.4.2　矿石表面粗糙度变化

　　在图 4-17 和图 4-18 中,矿石的尺寸为 1 500 μm×1 237.8 μm,为矿石表面的表观面积。由体视显微镜测量出各时刻矿石表面的真实面积,并计算出粗度因子,如表 4-5 所列。

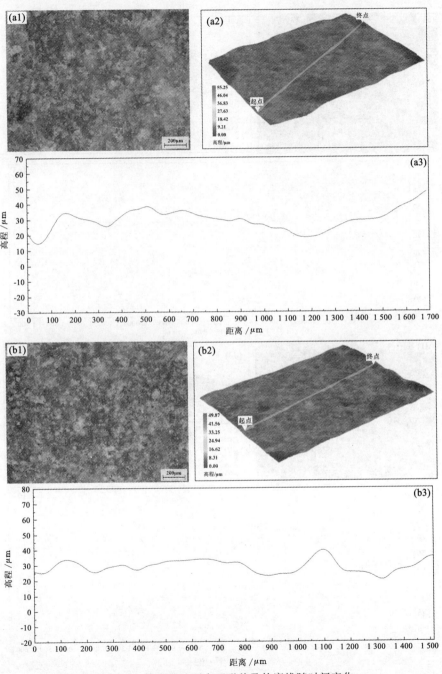

图 4-18　第 9 组矿石表面形貌及轮廓线随时间变化

(a) $t=0$；(b) $t=48$ h

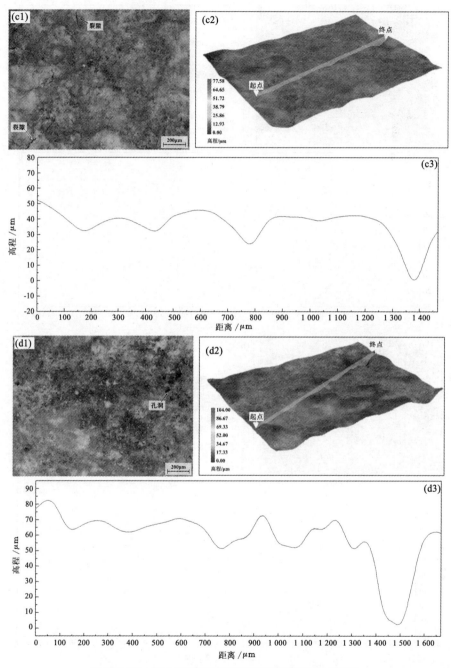

续图 4-18　第 9 组矿石表面形貌及轮廓线随时间变化

（c）$t=96$ h;（d）$t=144$ h

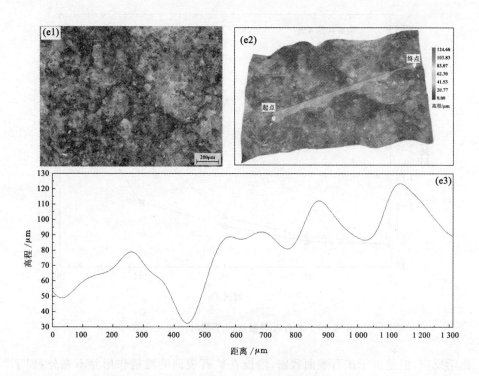

续图 4-18　第 9 组矿石表面形貌及轮廓线随时间变化

(e) $t=192$ h

表 4-5　　　　　　　　　　矿石表面粗度因子计算结果

时间/h	第 4 组			第 9 组		
	$A/\mu m^2$	$a/\mu m^2$	r	$A/\mu m^2$	$a/\mu m^2$	r
0	2 056 629	1 856 700	1.107 7	2 056 644	1 856 700	1.107 7
48	2 058 319	1 856 700	1.108 6	2 061 881	1 856 700	1.110 5
96	2 067 996	1 856 700	1.113 8	2 073 795	1 856 700	1.116 9
144	2 082 686	1 856 700	1.121 7	2 121 233	1 856 700	1.142 5
192	2 161 233	1 856 700	1.164 0	2 191 233	1 856 700	1.180 2

　　根据表 4-5 得到不同时刻的粗度因子，如图 4-19 所示。

　　从图 4-19 中曲线的变化趋势可以看出，随着浸出反应的进行，粗度因子增加，说明矿石表面越来越粗糙，与图 4-17 和图 4-18 中的观测结果一致。从曲线增速角度看，在浸出前期(0～48 h)，粗度因子增加缓慢，此时溶液与矿物发生了

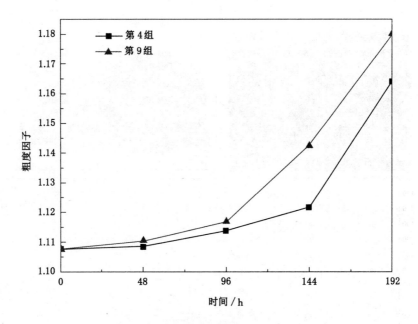

图 4-19　矿石表面粗度因子随时间变化曲线

化学反应,但是由于矿石表面致密,溶液在矿石表面的渗透作用并不充分;到了实验后期(144 h 以后),粗度因子出现激增,矿石表面出现了溶蚀与崩解,溶液在矿石表面孔裂隙中进行了充分的反应。对比图 4-19 中两组溶液对矿石的作用效果可以看出,添加表面活性剂的一组(第 9 组)粗度因子更大,说明表面活性剂增强了溶液在矿石表面的侵蚀作用。这主要有两方面原因:

(1)表面活性剂改变了溶液的物理性质。表面活性剂降低了溶液的表面张力和黏度,改善了矿石表面的润湿性能,增强了溶液在矿石表面孔裂隙的渗透作用,有利于溶液与矿石有更大的接触面积,也有利于反应产物的溶质迁移作用,加大了浸出反应速率。

(2)表面活性剂分子吸附于矿石表面。十二烷基硫酸钠属于阴离子型表面活性剂,其吸附在矿石表面增大了矿石与 H^+ 之间的吸力,强化了化学反应。

4.4.3　矿石表面润湿性分析

由 2.4.1 节的分析可知,矿石表面粗糙度变化将改变其润湿性能。随着浸出反应的进行,矿石表面粗糙度增加,导致铺展系数和接触角发生变化。根据式(4-4)计算出铺展系数随时间的变化,如图 4-20 所示。

对照图 4-19 和图 4-20 可知,随着矿石表面粗糙度增加,铺展系数加大。其中第 9 组矿石表面铺展系数值更大,说明该组润湿性能好于第 4 组。根据图 4-20 中

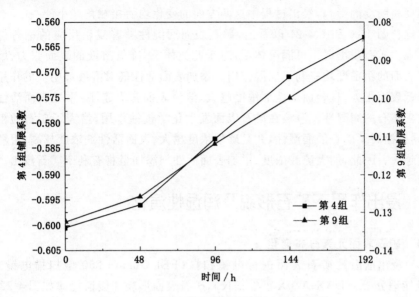

图 4-20 矿石表面铺展系数随浸出时间的变化

的结果应用式(2-34)计算出接触角随浸出时间的变化,如图 4-21 所示。

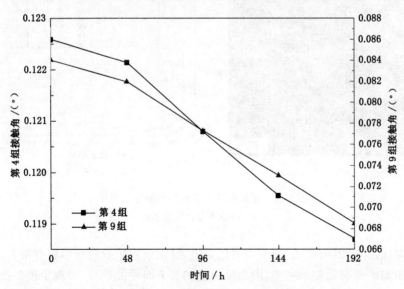

图 4-21 矿石表面接触角随浸出时间的变化

由图 4-21 可以看出,矿石表面接触角随着浸出反应的进行逐渐变小。根据前面分析可知,矿石表面接触角的变化一方面受化学反应的影响,另一方面受矿石表面粗糙度的影响,浸出过程中这两方面的变化均使接触角减小。

综合图 4-20 和图 4-21 以看出,矿石表面润湿性随着浸出反应的进行得到了加强。矿石浸出属于可润湿体系,对于此类体系,降低溶液的表面张力、增大固体表面的粗糙度均有利于润湿作用。添加表面活性剂对溶液最明显的作用即为降低表面张力,且表面活性剂浓度越大,溶液表面张力越小,添加表面活性剂将改善矿石的润湿性。溶液在矿石表面发生化学侵蚀作用,增大了矿石的粗糙度,同样提高了矿石的润湿性,并且硫酸浓度越大、表面活性剂浓度越高,粗糙化程度越大。因此,加大硫酸浓度、增加表面活性剂添加量将有利于矿石浸出。

4.5 浸出作用下矿石形貌及润湿性演化

4.5.1 矿石表面元素分布变化

对浸出前后的矿石表面进行电镜扫描(FEI Quanta 250 型扫描电镜)和 EDS 能谱分析(EDAX-A10X 型能谱仪),矿石表面形貌和能谱规律如图 4-22 和图 4-23 所示。

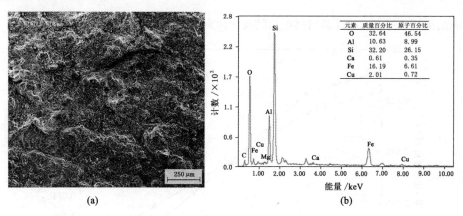

(a)   (b)

图 4-22　浸出前矿石表面形貌和能谱规律
(a) 矿石表面形貌;(b) 能谱规律

对比图 4-22(a)和图 4-23(a)可以看出,浸出前后矿石表面形貌有很大变化。在浸出前矿石表面较为平整,浸出反应使矿石表面侵蚀严重,出现了很多孔洞和裂隙。同时,浸出前后矿石表面的元素分布有很大不同。

(1) Cu 元素。矿石在溶液中发生了溶解作用,Cu 元素含量明显减少。浸出前矿石表面 Cu 元素质量分数为 2.01%,分布很不均匀;浸出后 Cu 含量降低至 0.86%,且分布均匀。

图 4-23　浸出后矿石表面形貌和能谱规律

(a) 矿石表面形貌；(b) 能谱规律

（2）Ca 元素。浸出反应使矿石表面 Ca 元素由均匀分布变为集中分布，说明 Ca 溶解之后在矿石表面重新沉淀结晶。根据 3.3.3 节可知，Ca 元素主要转化为了 $CaSO_4$。

（3）Si 元素。浸出后矿石表面的 Si 分布比较集中，由图 4-23(a) 可以看出，Si 元素所属的区域在矿石表面形成了一个"凸起"，凸起内 Fe、Al 元素含量很低。因为矿石中的 Si 元素主要以 SiO_2 形式存在，并不参与化学反应，当其他矿物被溶蚀后，SiO_2 形态变化不大，因此高于周围部分。这是浸出作用造成矿石表面粗糙度增大的原因。

4.5.2　浸出过程中矿石表面侵蚀过程

浸出过程中，铜矿石与酸溶液发生了一系列复杂的物理化学作用，导致矿石表面和内部发生溶蚀、崩解等变化。溶液与矿石有用矿物之间包含有溶解反应、吸附解吸反应、氧化还原等多类化学反应，而参与这些反应的离子均以对流、扩散的形式运动。根据前文对于浸出过程中矿石表面形貌、润湿性能、元素分布变化等分析结果，依据矿石被侵蚀的程度，将浸出过程分为"接触、渗透、反应、崩解"四个阶段，如图 4-24 所示。

（a）接触阶段。矿石与溶液发生化学反应是从固液接触作用开始的，固液接触受矿石表面粗糙度、溶液表面张力、化学反应剧烈程度等因素的影响。矿石表面粗糙度越大、溶液表面张力越低，越有利于润湿作用。增加硫酸浓度从而加强化学反应程度，也有利于固液接触作用。图 4-24(a1) 中表示了表面活性剂在溶液表面的分布，表面活性剂的亲水基在液体中，而疏水基则指向空气。同时，表面活性剂会吸附在矿石表面，亲水基指向液体，疏水基吸附在矿石表面。

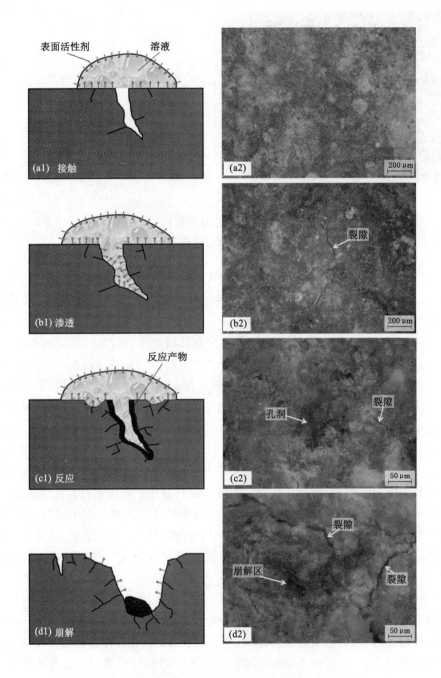

图 4-24　浸出作用下矿石表面孔隙演化过程

（b）渗透阶段。矿石表面是亲水的，并且与溶液发生化学反应，因此溶液与矿石表面接触后会产生铺展运动，同时溶液会渗透至孔裂隙中。同时表面活性剂也随着溶液进入到孔裂隙内，在矿石内表面发生吸附，如图 4-24（b1）所示。在这一阶段溶液与矿石已经有了充分的接触，并且开始发生化学反应，矿石表面由于溶胀与化学反应出现了次生裂隙，如图 4-24（b2）所示。

（c）反应阶段。溶液与矿石发生化学反应并不是从这一阶段才开始的，但在这一阶段中进行的较为彻底和完全。矿石与溶液发生了式（3-1）至式（3-14）中一系列化学反应。随着反应时间的延长，矿石不断发生溶解，并且生成游离态反应产物，这些物质由于液体流动和浓度梯度的存在，会发生对流和扩散运动。矿石表面的原生孔裂隙随着反应发展成了溶洞、孔穴，同时次生裂隙继续扩展。矿石表面被侵蚀后产生了一些溶蚀坑，表面活性剂吸附在这些新表面上，继续促进润湿作用及化学反应。此阶段中矿石表面的溶蚀痕迹较明显，如图 4-24（c2）所示。

（d）崩解阶段。在这一阶段，矿石表面发生了较大变化。随着反应的进行以及矿石表面的溶胀作用，孔洞继续扩大并最终形成了崩解区，其周围裂隙继续扩展，裂隙宽度较上一阶段有所增加，见图 4-24（d2）。部分化学反应生成的沉淀与结晶固结于矿石表面。形成的新表面与溶液继续发生（a）阶段的作用，如此循环。

以上四个阶段并不是完全独立的，尤其是化学反应贯穿每个环节，而且各阶段没有明确的时间界限。当溶液与矿石表面接触后随即发生化学反应，同时在矿石表面铺展和渗透。在化学反应阶段，溶液在次生裂隙中继续发生渗透。当化学反应进行得比较完全后，溶蚀区域发生崩解，形成了新的矿石表面。溶液与新的表面继续进行接触、反应等一系列物理化学作用。

浸出过程改变了矿石表面形貌，导致了矿石表面粗糙度发生了变化。将图 4-19 中的矿石表面粗度因子随时间的变化对应孔隙演化过程（a）～（d）四个阶段，如图 4-25 所示。图 4-25 中（a）、（b）阶段属于浸出初期，虽然已经开始发生化学反应，但是由于时间较短，矿石表面形貌变化并不明显，因此矿石表面粗度因子增加幅度不大；在（c）阶段，矿石表面溶蚀现象明显，孔裂隙扩张为孔洞，并出现了次生裂隙，因此矿石表面粗糙度增加；反应进行到（d）阶段，孔洞崩解，矿石形貌发生了较大变化，在此阶段粗度因子急剧上升。

4.5.3　浸出过程中矿石形貌变化分析

矿石与溶液发生化学反应是能量平衡的过程，在此过程中矿石的内聚能不断减少，最后达到最低的能量状态。矿石在外部能量（化学反应、重力等）的作用下，通过各种变化向着与周围环境相适应的平衡态调整。矿石内晶粒之间存在

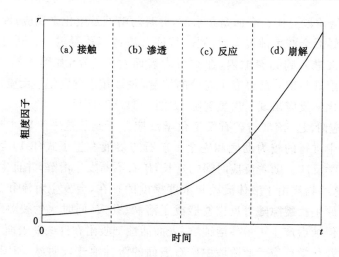

图 4-25　浸出过程中矿石表面粗度因子变化

微小的孔裂隙,当裂隙的尖端化学键被破坏后会产生新的表面能区域,微小孔裂隙也将向矿石内部扩展。浸出反应不仅破坏了晶粒本身,而且破坏了矿石晶粒间连接。

　　矿物表面分布着众多的缺陷,这些缺陷位上存在过剩应力能,因此固液作用将优先发生在缺陷位上。在浸蚀过程中,矿石表面的缺陷将不断扩大,最终形成崩解区。从表面反应动力学的角度分析,表面缺陷的扩张涉及的能量变化如下:

$$dG^* = \frac{\Delta G_b}{V_m} \cdot 2\pi r \cdot dr + \kappa 2\pi \cdot dr + \frac{\mu b^2}{4\pi rK} \cdot dr \qquad (4\text{-}14)$$

式中　dG^*——单位深度上的自由能变化;

　　　　ΔG_b——由浓度的改变而引起的反应自由能变化;

　　　　V_m——矿物的摩尔体积;

　　　　r——矿石表面缺陷半径;

　　　　K——矿石表面缺陷形貌类型特征值;

　　　　μ——主剪切模量;

　　　　b——Burger 向量;

　　　　κ——平均计量系数。

　　取应力能分布密度表达式,对式(4-14)积分,得自由能变化表达式:

$$G^* = -\frac{\pi \Delta G_b}{V_m} r^2 + 2\pi r \kappa - \frac{\mu b^2}{8\pi K} \ln\left[1 + \left(\frac{r}{r_0}\right)^2\right] \qquad (4\text{-}15)$$

式中　r_0——矿石表面初始缺陷半径。

　　式(4-15)表明,矿石表面侵蚀坑的半径与反应条件有关,且缺陷处的自由能随缺陷半径增大而减小。这说明固液接触的初始阶段,浸出反应率先在活化位进行。随着浸出反应的进行,矿石表面缺陷的半径不断增大,缺陷位剩余应力能减弱,浸出反应失去优势。

不同矿物之间存在化学不平衡,导致矿石与硫酸之间的反应动力学过程是不可逆的,此过程改变了矿石的物理状态和微观结构,削弱了矿物之间的联系,破坏了晶格结构,降低了矿石强度。矿石强度的降低程度取决于矿石孔裂隙的形态特征、渗流场、温度场、矿物成分、矿石亲水性以及浸出剂浓度等因素。

5 表面活性剂强化浸出体系溶液渗流实验研究

矿石堆浸过程中,溶液运达目的矿物以及有用组分运出矿堆这两个过程均需要通过渗流作用完成,矿堆的渗透性是决定矿石堆浸效果的关键。矿堆渗透性直接影响到矿堆内部溶液分布的均匀程度,浸出死角和盲区将会降低目的金属的回收率,矿堆渗透性差已成为制约堆浸技术发展的一大问题。堆浸矿堆内以浸润面为界,可分为饱和区与非饱和区两部分,其中非饱和区在矿堆内所占比例较大,非饱和区内溶液渗流效果是影响堆浸成功与否的关键。堆浸体系内溶液渗流速度较小,矿堆内溶液受到的渗透压力及黏滞力较小,溶液渗流主要受毛细力及重力控制,毛细作用对矿堆内溶液渗流有重要的影响。

5.1 实验矿石及颗粒结构分析

实验矿样与第 3 章中所用矿石来源相同。原矿中粉矿、泥矿含量高,绢云母、高岭石等黏土类矿物占 25%,并含 40% 易泥化的褐铁矿,矿石遇水呈黏稠状。矿石中碱性脉石矿物成分约占 20%,在浸出过程中会产生化学沉淀,导致孔隙阻塞和矿石板结现象。在生产过程中遇到了矿堆渗透性差的问题,导致金属回收率不能达到要求。

柱浸实验中浸柱内径为 60 mm,为消除"边壁效应",实验中矿石的最大粒径取 15 mm。将矿样放入标准分析筛中,置筛析机上震筛 15 min,得到粒级分析曲线,如图 5-1 所示。

粒度组成累积分布曲线可以较为直观地表示出物料粒度组成的均匀程度。该曲线最大的用处是可以根据曲线上的一些特征点来求得粒度参数,进而定量来表示矿石粒度组成的均匀性。若曲线向左上角凸起(图 5-2 中 a 曲线),则说明细颗粒含量多;若曲线向右下角凹进(图 5-2 中 c 曲线),则表明物料中粗颗粒含量多;若曲线近似直线(图 5-2 中 b 曲线),则表示粗、细颗粒分布均匀。从图 5-1 所示的堆体颗粒结构来说,该铜矿颗粒级配曲线符合 c 型颗粒结构。

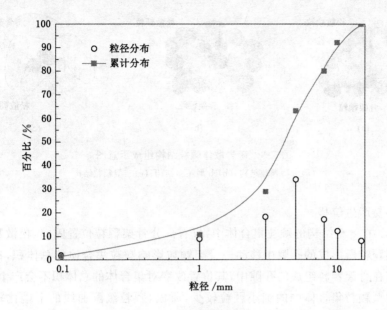

图 5-1　矿样级配曲线

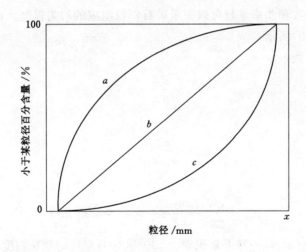

图 5-2　粒度组成累积分布曲线

（1）在 a 型结构中，松散颗粒的数量远大于骨架颗粒，并包裹在骨架颗粒周围，如图 5-3 所示。在此结构中松散颗粒的运动空间较小，难以产生位移。

（2）b 型颗粒级配曲线呈直线分布，颗粒中骨架颗粒和松散颗粒均匀分布，

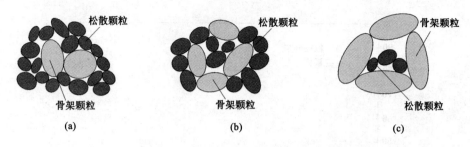

图 5-3　矿岩散体颗粒结构组成示意图

(a) a 型颗粒结构；(b) b 型颗粒结构；(c) c 型颗粒结构

颗粒不易产生位移。

（3）在 c 型结构的颗粒集合体中，仅有部分骨架颗粒位置固定，松散颗粒可在骨架颗粒所形成的孔隙中移动。骨架颗粒影响颗粒集合体的总体积，松散颗粒分布在骨架颗粒组成的孔隙中，其位置改变对集合体的总体积不会产生影响。这种类型颗粒集合体中的细小颗粒较少，所以，颗粒级配曲线的下端比较平缓（图 5-2 中 c 曲线）。c 型结构中的细颗粒容易发生迁移，在局部聚集将导致孔隙堵塞。

不均匀系数和曲率系数可以表示矿石颗粒组成的均匀程度。计算结果如式（5-1）至式（5-3）所示。

不均匀系数：

$$C_u = \frac{d_{60}}{d_{10}} = 5.15 \tag{5-1}$$

曲率系数：

$$C_c = \frac{d_{30}^2}{d_{60} d_{10}} = 2.20 \tag{5-2}$$

平均粒径：

$$d_{cp} = \sum_{i=0}^{n} \frac{d_i + d_{i+1}}{2} \times a_i = 4.95 \text{ mm} \tag{5-3}$$

式中　d_{60}，d_{30}，d_{10}——筛下累积 60%、30%、10% 对应的颗粒粒度；

d_i，d_{i+1}——第 i 组粒度范围的始末粒度值；

a_i——第 i 组粒度范围的质量分布频率。

一般 $C_u \geqslant 5$ 说明颗粒大小分布范围大，级配良好；C_c 表示级配连续情况，$C_c = 1 \sim 3$ 则级配良好，密实程度比较好。由颗粒组成特征系数 C_u 和 C_c 的计算结果可以看出矿石粒级分布范围较大，连续状况较好。

5.2 实验原理和实验装置

5.2.1 毛细上升实验原理

用浸润面将矿堆分为饱和区、非饱和区两部分,如图 5-4 所示,取直角坐标系 x-y-z,其中 y 轴垂直于纸面。

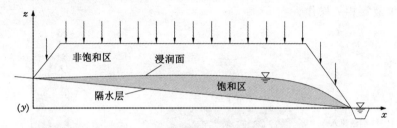

图 5-4　矿堆饱和-非饱和区划分示意图

在浸出的开始阶段,矿堆所有位置均处于非饱和状态。随着浸出时间的延长,矿堆中不同位置的饱和程度发生变化。溶液自上而下渗透,矿堆的湿润程度逐渐增大,直至达到饱和。矿堆内出现了饱和区与非饱和区,二者的界面被称为浸润面。为方便观测矿堆内的毛细作用,将图 5-4 中的矿堆模型简化为矿柱形式,如图 5-5 所示。

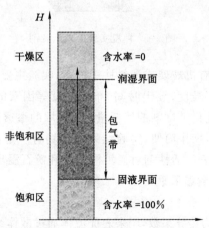

图 5-5　矿柱毛细上升模型

图 5-5 中,矿柱底部含水率为 100%,干燥带矿石含水率为 0%,包气带为非饱和区,矿石的含水率范围为 0～100%。当溶液与矿石接触后发生润湿作用

后,二者彼此间产生的毛细力或吸附力使溶液具有一种能量,做功后转化为重力势能,表现为毛细水上升高度。通过测量毛细上升高度可以评价矿岩散体内毛细作用的大小。

5.2.2 柱浸实验原理

柱浸实验又称渗滤浸出实验,是一种重要的堆浸室内实验方法。室内柱浸实验是将实际矿堆中的单元体提取出来(图 5-6),模拟现场的作业,进行喷淋、浸出、集液等相关操作。

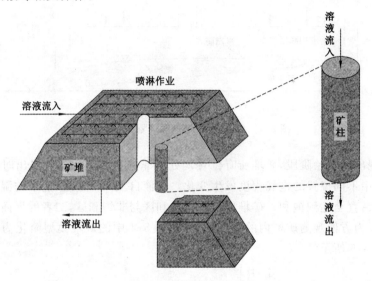

图 5-6　柱浸实验原理示意图

柱浸实验一般在有机玻璃或塑料柱中进行,实验主要目的是确定各个参数:① 矿石浸出率与矿石粒度、浸出时间、布液强度等因素的关系;② 浸出剂的最佳浓度,浸出剂及其他化学试剂的消耗量;③ 矿堆的渗透性能。

柱浸实验规模小,操作简便,实验结果对现场有一定的参考价值。因此,采用柱浸实验考察添加表面活性剂对矿堆渗透性和矿石浸出率的影响。

5.2.3 矿柱渗透系数测量原理

(1)渗透系数

渗透系数又称水力传导系数,用来表征流体通过散体结构的难易程度。渗透系数的定义为在各向同性介质中,单位水力梯度下的单位流量,计算方法如下:

$$K = \frac{\kappa \gamma}{\mu} \tag{5-4}$$

式中　K——渗透系数,m/s;

κ——孔隙介质的渗透率，m^2；

γ——流体重度，N/m^3；

μ——流体黏度，$Pa \cdot s$。

渗透系数的物理意义是散体结构对某种特定流体的渗透能力。影响矿堆渗透系数的因素很多，包括矿堆的孔隙结构、溶液的密度和黏度等。

（2）渗透率

压力差为 1 Pa、动力黏滞系数为 1 Pa·s 的溶液通过面积为 $1~m^2$、长度为 1 m 的多孔介质，体积流量为 $1~m^3$ 时，多孔介质的渗透率定义为 $1~m^2$。实际中采用 μm^2 为渗透率的单位。渗透率计算方法如下：

$$\kappa = \frac{QL\eta}{A\Delta p} \qquad (5\text{-}5)$$

式中　Q——单位时间内通过式样的水量，m^3/s；

η——动力黏滞系数，$Pa \cdot s$；

L——试样长度，m；

A——试样的截面积，m^2；

Δp——试样两端的压力差，kPa。

渗透率是多孔介质固有属性，与溶液性质无关。渗透率是表征多孔介质传导液体能力的参数，影响其大小的因素包括孔隙度、液体渗透方向上的孔隙形态、粒级组成等。

（3）变水头法测定渗透系数

采用变水头法测量矿柱的渗透性，实验装置和原理见图 5-7。不同于传统变水头法的是，该装置由下方进水，目的是完全排除矿柱内部的气体，保证测量准确。

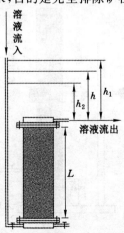

图 5-7　变水头法测定渗透系数原理图

设在 t 时刻对应的水头高度为 h，变水头水管的截面积为 a，在 dt 时间内管内水位下降 dh，则流量 dQ 为：

$$dQ = -adh \qquad (5\text{-}6)$$

根据达西定律，在时段 dt 内流经试样的水量又可表示为：

$$dQ = k\frac{h}{L}A\,dt \qquad (5\text{-}7)$$

式中　L——矿柱高度；

　　　k——渗透系数；

　　　A——浸柱的截面积。

联立式(5-6)和式(5-7)并进行积分：

$$-\int_{h_1}^{h_2}\frac{dh}{h} = \int_{t_1}^{t_2}k\frac{A}{La}dt \qquad (5\text{-}8)$$

即可得出矿柱的渗透系数 k：

$$k = \frac{aL}{A(t_2-t_1)}\ln\frac{h_1}{h_2} \qquad (5\text{-}9)$$

式中　t_1、t_2——不同计时时刻；

　　　h_1、h_2——t_1、t_2 时刻矿柱中对应的水头。

5.2.4　实验装置

（1）毛细上升实验装置

采用竖管法观测矿石中润湿面上升过程，所需要的器材有铁架台、有机厚壁玻璃管和水槽，玻璃管内径为 10 cm、高 50 cm。水槽中不断添加溶液以使液面高度保持稳定。水槽中液面高出矿柱底部 0.5～1 cm。实验装置见图 5-8。

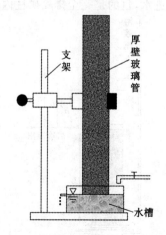

图 5-8　竖管法测毛细上升示意图

（2）矿石柱浸实验装置

矿柱为自制的有机玻璃圆柱，内径为 60 mm，装矿高度 500 mm，矿柱底部有阀门。矿柱的上下方均设有上下液位箱，均为 PVC 材质开口箱。通过磁力泵进行溶液的循环。柱浸实验装置如图 5-9 所示。

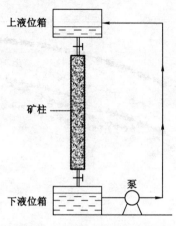

图 5-9 柱浸实验装置示意图

5.3 表面活性剂对溶液毛细上升的影响

5.3.1 毛细上升实验方案

在堆浸过程中，溶液与矿石之间除了存在物理作用外，同时发生化学反应，矿岩散体之间的孔裂隙不断演化。为探寻表面活性剂对矿柱内溶液毛细上升规律的影响，本次采用表面活性剂水溶液，以排除化学反应的影响。配制了 5 种溶液，表面活性剂采用十二烷基硫酸钠，浓度由 0 至 0.008 mol/L 以 0.002 mol/L 的梯度增加，共进行 5 组实验，实验方案见表 5-1。每组实验中的矿石来源一致，矿物成分和粒级组成完全相同。

表 5-1 毛细上升实验方案

组别	表面活性剂浓度/(mol/L)	矿柱高度/mm	装矿质量/kg
1	0	500	1.765
2	0.002	500	1.788
3	0.004	500	1.799
4	0.006	500	1.808
5	0.008	500	1.815

5.3.2 毛细上升高度与曲线拟合

按照表 5-1 中的实验方案,进行了 500 h 的毛细上升实验。对实验开始后的第 1 min、5 min、10 min、20 min、30 min、60 min 进行毛细上升高度记录,此后每间隔数小时记录一次。溶液在矿柱中上升高度和时间的关系如图 5-10 所示。

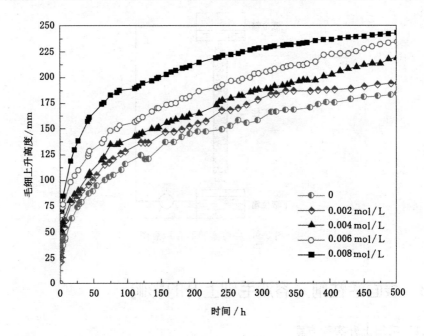

图 5-10　溶液毛细上升高度随时间的变化

由图 5-10 可以看出,非饱和矿柱内存在使孔隙中溶液上升的吸力,浸润面高度不断上升。当吸力与其他力(重力、摩擦力等)逐渐达到平衡时,矿柱内溶液上升速度减小,曲线趋于平缓,在 500 h 时接近于直线,实验结束。

对比图 5-10 中曲线可以看出,在同一时刻,添加表面活性剂的溶液上升高度更大。这是因为表面活性剂改变了液体表面张力、固液界面张力以及矿石表面的接触角,增大了矿岩散体内部的毛细作用力。

对毛细上升高度曲线进行非线性拟合,方程满足指数函数,见式(5-10)。图 5-11列出了各组实验的毛细上升高度的拟合结果。

$$H = a \cdot t^{b} \tag{5-10}$$

式中　H——毛细上升高度,mm;

　　　t——实验时间,s;

　　　a,b——拟合参数。

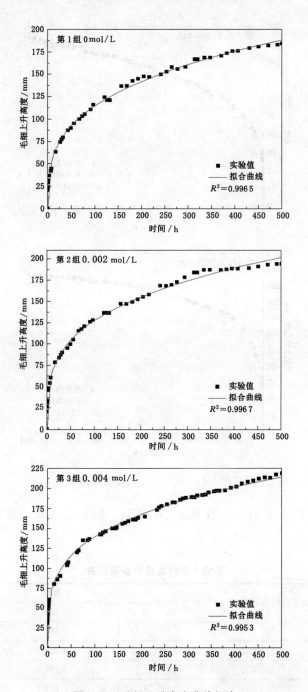

图 5-11　毛细上升高度曲线拟合

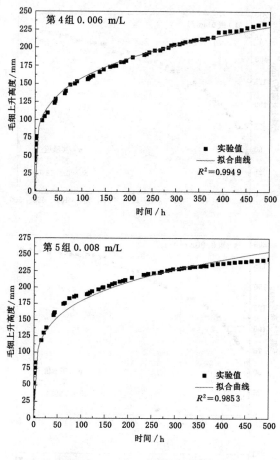

续图 5-11　毛细上升高度曲线拟合

毛细上升高度的拟合参数如表 5-2 所列。拟合结果精度较高，方程回归显著。

表 5-2　　　　　　　　　　　毛细上升曲线拟合参数汇总

组别	表面活性剂浓度/(mol/L)	参数		R^2
		a	b	
1	0	27.620 5	0.308 9	0.996 5
2	0.002	34.277 6	0.285 2	0.996 7
3	0.004	40.619 3	0.267 9	0.995 3
4	0.006	54.323 5	0.231 7	0.994 9
5	0.008	65.008 6	0.219 8	0.985 3

5.3.3　毛细上升速度分析

由式(5-10)可知,毛细上升高度是与时间有关的函数,将毛细上升高度对时间进行求导,即可获得毛细上升的速度方程,即:

$$v = \frac{dH}{dt} = \frac{d(a \cdot t^b)}{dt} = a \cdot bt^{b-1} \tag{5-11}$$

根据式(5-11)可得到不同表面活性剂浓度条件下的速度曲线。图 5-12 给出了 25 h,50 h,75 h 和 100 h 四个时刻的毛细上升速度。

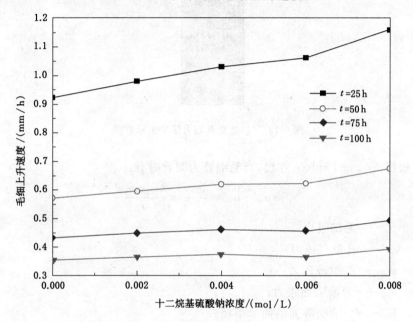

图 5-12　毛细上升速度与表面活性剂浓度的关系

由图 5-12 可以看出,在同一时刻,毛细上升速度随着表面活性剂浓度的增加而增大,不添加表面活性剂的溶液上升速度最小。同时可以看出,毛细上升速度随时间的延长而减小,在 $t = 25$ h 时的速度最大,说明矿柱中的毛细作用在前期较为明显。在实验开始时,矿石含水率为 0,此时的溶液受到的基质吸力远大于重力、摩擦力等其他外力,因此获得了一个瞬时速度最大值。

5.3.4　表面活性剂对毛细吸力的影响

（1）毛细吸力分析

矿堆内溶液受到的总吸力由基质吸力和渗透吸力组成,毛细渗流主要受到基质吸力控制,对于矿石颗粒间毛细管内气-液交界面处的力学平衡,如图 5-13所示。

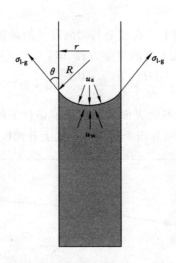

图 5-13　气-液交界面力学平衡示意图

根据 Young-Laplace 方程,当毛细管为圆管时有:

$$p_c = u_a - u_w = \frac{2\sigma_{l\text{-}g}}{R} = \frac{2\sigma_{l\text{-}g}\cos\theta}{r} \tag{5-12}$$

式中　p_c——毛细吸力;

　　　u_a——孔隙气压力;

　　　u_w——孔隙液压力;

　　　$\sigma_{l\text{-}g}$——溶液表面张力;

　　　R——气-液交界面的曲率半径;

　　　r——毛细管半径;

　　　θ——溶液与矿石的接触角。

将式(5-12)与式(2-10)联立可得:

$$p_c = \frac{2(\sigma_{s\text{-}g} - \sigma_{s\text{-}l})}{r} \tag{5-13}$$

式中　$\sigma_{s\text{-}g}$——固气界面张力;

　　　$\sigma_{s\text{-}l}$——固液界面张力。

在添加表面活性剂后,矿石与空气之间的界面张力($\sigma_{s\text{-}g}$)不变,但固液之间的界面张力($\sigma_{s\text{-}l}$)减小,因此 p_c 增大。

（2）毛细上升高度

由图 5-10 可知,随着时间的延长,毛细上升高度将出现最大值。根据式(5-10)可得出溶液在 $t = 800$ h 所对应的毛细上升高度,如图 5-14 所示。

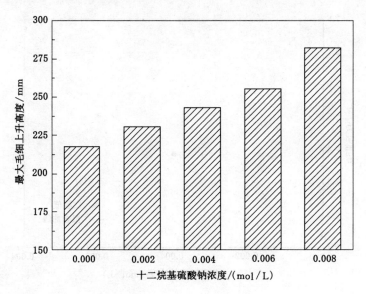

图 5-14 最大毛细上升高度与表面活性剂浓度的关系

当矿柱内的溶液上升停止时,毛细管内溶液柱所受的重力与毛细吸力达到平衡,此时矿柱内的溶液高度即为毛细上升的最大高度,因此毛细吸力可由式(5-14)表示。

$$p_c = \rho g H_{max} \tag{5-14}$$

式中 H_{max}——溶液毛细上升最大高度,m;

ρ——溶液密度,kg/m^3;

g——重力加速度,m/s^2。

(3)毛细吸力与表面活性剂浓度的关系

根据式(5-14)和图 5-14 可得到毛细吸力与表面活性剂浓度之间的关系,如图 5-15 所示。

由图 5-15 可知,矿柱内的毛细吸力随着表面活性剂浓度的增加而增大,说明添加表面活性剂加强了矿岩散体内的毛细作用。在浸出初期,增加毛细作用将有利于溶液的渗流作用。

对毛细吸力与表面活性剂浓度进行非线性拟合,拟合结果显示二者呈指数函数关系,如式(5-15),拟合相关系数(R^2)为 0.991 1。

$$p_c = \exp(0.763\ 8 + 18.621\ 2C_s + 1\ 571.838\ 8C_s^2) \tag{5-15}$$

式中 C_s——十二烷基硫酸钠浓度,mol/L。

式(5-15)中,C_s 越大,毛细吸力越大。当 $C_s = 0$ 时为水在矿柱内的毛细上升过程。

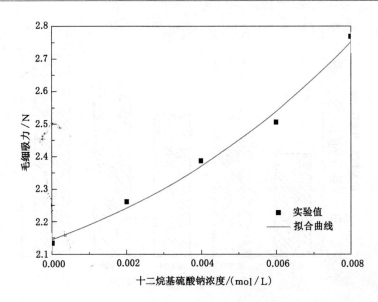

图 5-15　毛细吸力与表面活性剂浓度的关系

在毛细上升实验中使用的溶液是表面活性剂水溶液,液体在矿石表面的接触角只受表面活性剂浓度的影响。在浸出过程中由于加入了硫酸等浸出剂,溶液与矿石之间不仅有物理作用,还存在化学反应,此时的接触角为反应接触角。由式(4-7)可知反应接触角小于非反应时的接触角,因此在添加浸出剂条件下的毛细吸力会增大。

5.4　表面活性剂对渗透系数的影响

为分析在浸出过程中表面活性剂对渗透系数的影响,进行矿石柱浸室内实验。实验共分为 A、B 两组,A 组浸出液为硫酸溶液;B 组为硫酸溶液并添加十二烷基硫酸钠。根据第 3 章的浸出条件优化结果,十二烷基硫酸钠的最佳添加量为 0.009 14 mol/L,但考虑到柱浸实验温度为 20 ℃,因此将表面活性剂的添加量定为 0.008 mol/L(常温时的 CMC)。实验方案见表 5-3。

表 5-3　　　　　　　　　　　　　　　柱浸实验方案

编号	硫酸质量浓度/(g/L)	表面活性剂浓度/(mol/L)
A	20	0
B	20	0.008

　　两组柱浸装置采用自制有机玻璃柱,每组柱内装矿高度均为 440 mm,上、下分别加入直径为 30 mm 的矿石作为过滤层,矿石总质量为 1.528 kg(含过滤层)。最上层放置纱布,以保证溶液分布均匀。根据矿山实际生产参数,喷淋强度取 40 L/m² · h,每 24 h 循环一次浸出液。柱浸实验共进行 28 d。

5.4.1　矿石表面形貌变化

　　对柱浸实验矿石颗粒表面进行了电镜扫描和 EDS 能谱分析,浸出前后矿石的表面形貌及能谱分析结果如图 5-16 和图 5-17 所示。

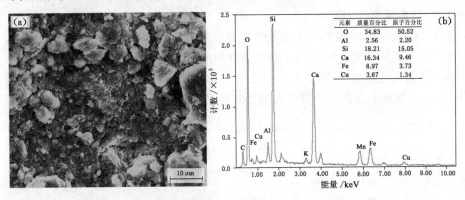

图 5-16　柱浸实验前矿石表面微观形貌及 EDS 能谱结果

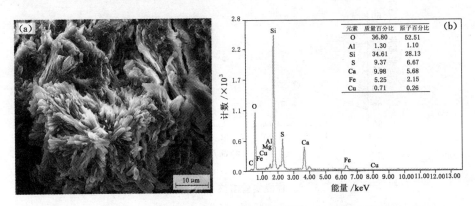

图 5-17　柱浸实验后矿石表面微观形貌及 EDS 能谱结果

　　对比图 5-16(a)和图 5-17(a)可以看出,浸出后矿石表面形貌出现了较大变化,原来较为光滑的矿石表面被针柱状沉淀包裹,沉淀结晶呈花簇状。此外,矿石表面变得粗糙并出现了很多孔裂隙。

　　根据图 5-16(b)和图 5-17(b)中各元素的质量百分比可以得到浸出前后元素含量的变化。Cu 元素含量由浸出前的 3.67% 减小为 0.71%,可知矿石表面的

Cu 基本被完全浸出,矿石表面的浸出效果很好。由于 SiO₂ 与硫酸溶液并不发生化学反应,因此 Si 元素的质量不变,但其在矿石表面所有元素所占的比例由 18.21% 增加为 34.61%。

在图 5-16(b)中 S 元素含量极低,甚至可忽略不计。但是在图 5-17(b)中 S 元素的含量为 9.37%,增加了近 10%。浸出后矿石表面 Ca、S 和 O 三种元素的重量百分比为 Ca∶S∶O≈1∶1∶4,与 CaSO₄ 中各元素的比例相等,同时与式(3-18)的分析一致,由此可以推断在矿石表面的沉淀结晶为 CaSO₄。

5.4.2　溶液表面张力变化

使用 Jzhy1-180 型界面张力仪对柱浸实验过程中 A、B 两组溶液的表面张力进行测量,测量结果见图 5-18。表面活性剂对于溶液表面张力的降低效果比较明显,降低幅度达到 50% 以上。在浸出前和浸出后,B 组溶液的表面张力均低于 A 组。溶液表面张力的降低有利于其在矿石表面的润湿和渗流作用。

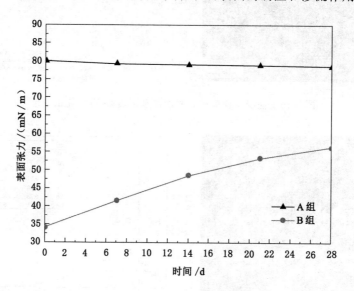

图 5-18　柱浸实验溶液表面张力变化

B 组溶液在浸出后的表面张力有所上升,应用式(3-23)计算出柱浸实验中十二烷基硫酸钠的表面活性衰减系数为 9.58×10^{-4}/h。衰减系数值较小,说明十二烷基硫酸钠在 28 d 的柱浸过程中保持了良好的稳定性。

5.4.3　柱浸实验渗透性分析

利用变水头法测定浸柱的渗透性,在 28 d 的浸出时间内进行了 5 次测量,分别得到了 5 组实验数据,根据式(5-9)计算出渗透系数,见图 5-19。

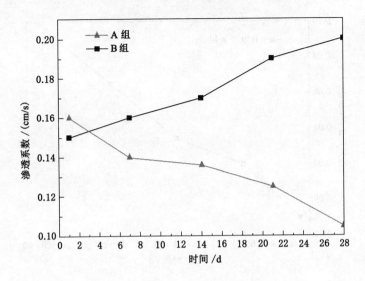

图 5-19 柱浸实验渗透系数变化曲线

由于两组实验的矿石粒级组成一致,在实验的初期 A、B 两组的渗透系数相差不大,但在浸出过程中两组浸柱的渗透系数差别比较明显。B 组矿柱渗透系数由 0.15 cm/s 增加到了 0.2 cm/s,A 组则由 0.16 cm/s 减至 0.105 cm/s。浸出后期,B 组的渗透系数达到了 A 组的 2 倍。

将 A、B 两组试样的渗透系数进行差值分析,可对比出表面活性剂强化矿岩散体内溶液渗流作用,如图 5-20 所示。随着浸出反应的进行,柱浸实验中两组矿柱的渗透系数差值(B 组－A 组)呈增大趋势。在浸出初期,两组矿柱的渗透系数相差不大。随着浸出反应的进行,两组矿柱的渗透系数差距越来越大,表面活性剂对矿柱的渗透性能改善效果越来越明显。

5.4.4 柱浸实验浸出率分析

在矿石的柱浸实验中,每 2 d 检测一次浸出液中的 Cu^{2+} 浓度,并依据式(3-15)计算浸出率。铜的液计浸出率随时间的变化曲线如图 5-21 所示。

表面活性剂对溶液的酸碱度没有影响,两组溶液的初始 pH 值均为 0.98。由于矿石中碱性脉石含量较高,浸出开始的前 2 d 酸耗较大,浸出液的 pH 值升高至 2.5 左右。为保证浸出过程能够进行,添加硫酸将 pH 值调至 0.98。之后酸耗较小,pH 值变化幅度不大,没有再加酸。

在实验初期(0~6 d),矿石中大部分氧化矿被浸出,A、B 两组的铜浸出率上升较快。B 组溶液受金属离子的影响,出现了表面活性剂胶束沉淀。因此,在实验进行到 5 d 时对 B 组溶液经过了一次过滤。随着浸出反应的进行,铜的浸出

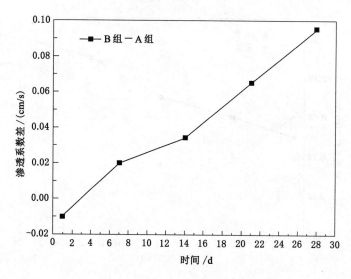

图 5-20　两组柱浸实验渗透系数差值变化

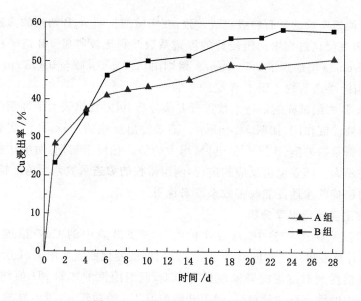

图 5-21　柱浸实验 Cu 浸出率变化

速率减小,曲线变化趋于平缓。在浸出后期(0~28 d),浸出液中的 Cu^{2+} 几乎不再增加,浸出率曲线逐渐变为直线,说明浸出率不再升高,实验结束。

在浸出过程中 B 组添加表面活性剂十二烷基硫酸钠,铜浸出率由 50.1% 提高至 58.5%,增幅达 8.4%。

　　添加表面活性剂在提高矿石渗透性的同时,也提高了矿石的浸出率,其作用方式如下:

　　(1) 矿柱渗透性的改善说明溶液在矿石中的流动更加畅通,有利于溶液与目的矿物接触,进行化学反应。

　　(2) 目的矿物在溶液中溶解,有用组分被及时运移,促进了浸出过程的外扩散作用,提高了浸出速度。

　　(3) 矿柱具有良好的渗透性不仅是纵向的,在横向也是如此,使得溶液在矿石中分布更加均匀,使浸出反应更加充分。

6 表面活性剂强化矿石浸出机理研究

在溶浸采矿中，矿石浸出不仅是金属的溶解，还包含一系列复杂的物理化学反应过程。矿石浸出的实质是溶浸剂有选择性地将矿石中的目的矿物转化为可溶性化合物，理论上目的矿物可被完全浸出。但在实际生产中却无法实现浸出率为100%，影响堆浸效果的两个主要因素是矿石颗粒浸出受阻以及堆内溶液分布不均。

单颗粒矿石浸出受阻一方面是由于矿石表面孔裂隙欠发育，目的矿物不能与浸出剂充分接触；另一方面是反应产物以沉淀、固膜等形式覆盖于矿石表面，阻碍浸出反应。堆内溶液分布不均主要是指矿堆的渗透性差，其原因主要有机械压实、含泥量大、化学结垢等。矿石颗粒浸出受阻和堆内溶液分布不均这两个因素相互影响，溶液分布不均使部分矿石无法参与反应，而化学反应产物引起的沉淀结垢将导致矿堆的渗透性进一步变差。因此，目前已开展的多种强化浸出手段研究多是针对上述两个影响因素。前文实验结果表明表面活性剂提高了矿石堆浸出率，实现了强化矿石浸出的作用，正是在一定程度上解决了这两个关键问题。

表面活性剂能够降低液体的表面张力，改变浸出体系的润湿性质，不仅使溶液有较高的表面活性还具有良好的扩散和渗透性，因此溶液能迅速地渗入矿石颗粒的孔裂隙的内表面并发生吸附。

6.1 表面活性剂改善矿石的润湿性能

表面活性剂在固-液界面上的吸附是表面活性剂分子或离子自溶液中迁移至固-液界面并富集的过程。表面活性剂具有双亲结构，其极性基通过化学或物理吸附作用，附着在固体表面，形成定向排列的吸附层。表面活性剂吸附在矿石表面会对矿石润湿性能产生影响。

6.1.1 表面活性剂在固液界面的吸附

对柱浸实验中B组矿石的表面进行电镜扫描分析，扫描结果如图 6-1 所示。浸出后的矿石表面附着了微小颗粒，见图 6-1(a)。对图 6-1(a)中的局部图像进行放大后可以看出白色颗粒为表面活性剂,见图 6-1(b),说明表面活性剂在矿石表面具有吸附作用。

图 6-1 表面活性剂在矿石表面的吸附图像

表面活性剂在固液界面的吸附,基本可分为三种类型的等温线,即 L 型、S 型和 LS 型。采用二阶段吸附模型与质量作用定律相结合,得到表面活性剂吸附在固液界面的等温线公式,可定量地描述三种类型的吸附作用。

第一阶段为个别的表面活性分子或离子通过范德华引力和/或静电吸引(离子型表面活性剂电性与固体表面所带电荷的符号相反)与固体表面直接相互作用而被吸附。平衡时:

$$吸附位 + 单体 \Longleftrightarrow 吸附单体 \tag{6-1}$$

单体是指个别的表面活性分子或离子。上述过程的平衡常数是:

$$k_1 = \frac{a_1}{a_s a} \tag{6-2}$$

式中　a——溶液中单体的活度,对于稀溶液可用质量分数代替;

　　　a_1——吸附单体的活度;

　　　a_s——空吸附位的活度。

在第二阶段中,表面活性分子或离子通过疏水作用形成表面胶团,吸附作用急剧增强,第一阶段的吸附单体成为形成表面胶团的活性中心。当吸附作用达到平衡时:

$$(n-1) 单体 + 吸附单体 \Longleftrightarrow 表面胶团 \tag{6-3}$$

其平衡常数是:

$$k_2 = \frac{a_{hm}}{a_1 a^{n-1}} \tag{6-4}$$

式中　a_{hm}——表面胶团的活度;

n——表面胶团的聚集数。

用单体的吸附量、表面胶团的吸附量和吸附位数目分别近似代替 a_1、a_{hm} 和 a_s，式(6-2)和式(6-4)可写成：

$$k_1 = \frac{\Gamma_1}{\Gamma_s C} \tag{6-5}$$

$$k_2 = \frac{\Gamma_{hm}}{\Gamma_1 C^{n-1}} \tag{6-6}$$

式中 Γ_1——单体的吸附量；

Γ_{hm}——表面胶团的吸附量；

Γ_s——吸附位数目。

根据在任意浓度 C 时总吸附量 Γ 和饱和总吸附量 Γ_∞（在高浓度时）的物理意义，显然可得：

$$\Gamma = \Gamma_1 + n\Gamma_{hm} \tag{6-7}$$

$$\Gamma_\infty = n(\Gamma_s + \Gamma_1 + \Gamma_{hm}) \tag{6-8}$$

将式(6-5)、式(6-6)、式(6-7)和式(6-8)结合，即可导出吸附等温线的通用公式：

$$\Gamma = \frac{\Gamma_\infty k_1 C \left(\frac{1}{n} + k_2 C^{n-1} \right)}{1 + k_1 C (1 + k_2 C^{n-1})} \tag{6-9}$$

当 $k_2 \to 0$，$n \to 1$ 时，式(6-9)还原为 L 型等温线公式，即：

$$\Gamma = \frac{\Gamma_\infty k_1 C}{1 + k_1 C} \tag{6-10}$$

若 $n > 1$，式(6-9)有两种极限情形。

当 $k_2 C^{n-1} \ll 1/n$ 时，式(6-9)变为：

$$\Gamma = \frac{\left(\frac{\Gamma_\infty}{n} \right) k_1 C}{1 + k_1 C} \tag{6-11}$$

式(6-11)仍是 L 型的，但此时单分子极限吸附量是 Γ_∞ / n。

当 $k_2 C^{n-1} \gg 1$ 或 $k_1 C \ll 1$ 及 kC^n，式(6-9)可化为：

$$\Gamma = \frac{\Gamma_\infty k C^n}{1 + k C^n} \tag{6-12}$$

式中，$k = k_1 k_2$。

当 $n > 1$ 时，式(6-12)代表 S 型吸附等温线。

当浓度越来越大时，式(6-9)和(6-12)均变为：

$$\Gamma = \Gamma_\infty \tag{6-13}$$

即所有的吸附位均被表面胶团占据。

6.1.2 吸附作用对矿石润湿性的影响

不同带电类型的表面活性剂在矿石表面的吸附形式迥异。铜矿石表面一般呈现负电性,阳离子表面活性剂的极性基(亲水基)将吸附在矿石表面,非极性基(疏水基)朝外,对润湿作用不利;阴离子表面活性剂与之相反,极性基带负电,朝向溶液,有利于矿石表面与溶液的接触,如图 6-2(a)所示。非离子型表面活性剂,不带有电性,虽不会对 H^+ 有吸引作用,但亦不排斥,所以其助浸效果逊于阴离子型表面活性剂。由此可见,阴离子表面活性剂更为适合作为铜矿石的助浸剂。

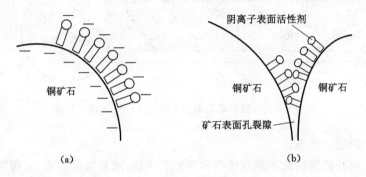

图 6-2 阴离子表面活性剂在矿石表面吸附
(a) 矿石表面;(b) 矿石孔裂隙

分布在矿石表面的矿物易与溶液发生化学反应,矿石内部的铜由于溶液难以进入而不易被浸出。阴离子表面活性剂吸附在矿石孔裂隙[图 6-2(b)],可以促进溶液进入矿石内部产生化学反应,有时还会促进裂隙扩展,这种作用也被称之为"劈楔作用"。

在第 3 章的表面活性剂遴选结果中,添加十二烷基硫酸钠后矿石浸出效果最好。十二烷基硫酸钠属于阴离子表面活性剂,在水溶液中极性基 Na^+ 由于解离作用进入到液体中,因此表面活性剂的亲水基呈现出负电性,如图 6-3 所示。由于同种电性相斥,十二烷基硫酸钠的非极性疏水基吸附在带负电的铜矿石表面,亲水基朝向溶液,这对润湿作用有利,尤其有利于溶液渗透进入矿石表面的孔裂隙;同时也有利于矿石表面对 H^+ 的吸引,促进浸出反应进行。

矿石表面的润湿性质取决于构成最外层的原子和原子团。由于表面活性剂的吸附作用,矿石表面最外层的化学组成发生了变化。因此,矿石的润湿性必然随表面活性剂的吸附而改变,直观表现为接触角的变化。由吸附作用引起了矿石表面润湿性能变化,其变化大小取决于表面活性剂的浓度和吸附层中表面活

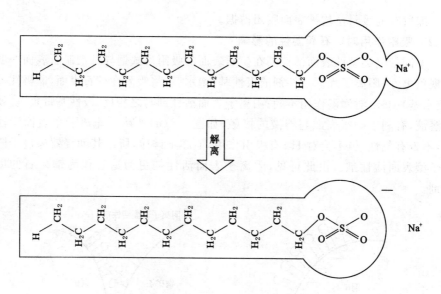

图 6-3　十二烷基硫酸钠分子结构及极性基解离过程

性剂分子的定向状态。

　　十二烷基硫酸钠疏水基直接吸附于矿石表面,随着浓度的增加,吸附过程可分为 3 个阶段:① 表面活性剂分子呈现"平躺"状吸附在矿石表面,见图 6-4(a);② 亲水基受到水相吸引而发生转动,此过程见图 6-4(b);③ 水基指向水相的垂直定向排列,如图 6-4(c)所示。

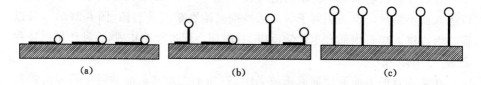

图 6-4　表面活性剂吸附作用随浓度的变化过程

　　在图 6-4 中的吸附过程中,液体在矿石表面的接触角逐渐变小。最终矿石的接触角显著下降,润湿性得到改善。

6.1.3　浸矿体系对吸附作用的影响

　　(1) 环境温度的影响

　　对于离子型表面活性剂而言,随着温度的升高,吸附作用减弱。这主要有两个原因:① 吸附是放热过程,温度升高对吸附不利;② 温度升高导致离子型表面活性剂在水中的溶解度增加,表面活性剂从水中逃离而吸附于固体表面上的趋势相对减少,故吸附量降低。

非离子表面活性剂的吸附随温度升高而增加。在低温时非离子表面活性剂与水混溶,亲水基与水形成的氢键键能低,随温度升高后,分子的热运动加快,致使氢键破坏,降低非离子表面活性剂的溶解度。当温度升到一定值时,溶解度过低将使非离子表面活性剂从水中析出。因此温度升高,非离子表面活性剂逃离水的趋势增强,在固液界面上的吸附量增大。

(2)pH 值的影响

离子型表面活性剂的吸附与溶液的 pH 值相关。pH 值高(>5)利于阳离子表面活性剂的吸附;pH 值低时(<5),阴离子表面活性剂的吸附较强。对于矿石酸浸体系,溶液的 pH 值通常小于 3,因此有利于阴离子表面活性剂的吸附作用。

(3)电解质的影响

溶液中加入电解质(浸出剂),使离子型表面活性剂在固体表面的吸附更易进行,最大吸附量有所增加。由于电解质浓度增加使固体表面的双电层压缩,减弱了吸附在固体表面的离子间相互斥力,固体表面容易吸附更多的表面活性离子,并在固体表面排列得更为紧密。

6.2　表面活性剂促进矿堆内固液作用

6.2.1　减小固液作用阻力

当表面活性剂溶于水后,亲水基受到水分子的吸引,引力将非极性烃链拉入水溶液中,亲油基则受到水分子的排斥。在引力和斥力的共同作用下,表面活性剂只能吸附于水的表面,将亲油基伸向气相,亲水基伸向水相,在液体表面形成单分子吸附层。表面活性剂吸附在液体表面降低了液体的表面张力,使液体表现出表面活性。

根据式(2-10)可以得出矿石表面接触角(θ)与固-液、固-气和气-液界面张力的关系:

$$\cos \theta = \frac{\sigma_{\text{s-g}} - \sigma_{\text{s-l}}}{\sigma_{\text{l-g}}} \tag{6-14}$$

式中　$\sigma_{\text{s-l}}$——固-液界面张力;

$\sigma_{\text{s-g}}$——固-气界面张力;

$\sigma_{\text{l-g}}$——液体表面张力;

θ——矿石表面接触角。

目前 $\sigma_{\text{s-l}}$ 无法通过实验直接测定,而测量 $\sigma_{\text{s-g}}$ 则需要将矿石加热至熔融状态,也比较难实现。由前文可知,在溶液中添加十二烷基硫酸钠,疏水基将吸附于矿石表面,亲水基伸入液体中。表面活性剂的吸附作用不会影响 $\sigma_{s\text{-}g}$,但可以降低 $\sigma_{s\text{-}l}$ 以及 $\sigma_{l\text{-}g}$ 的值。

由式(6-14)可知,$\sigma_{s\text{-}l}$ 和 $\sigma_{l\text{-}g}$ 均减小,使得 $\cos\theta$ 增大。对于可润湿($\theta<90°$)的矿石表面,$\cos\theta$ 增大将导致 θ 减小,如图 6-5 所示。θ 越小,润湿效果越好。因此添加表面活性剂可以促进溶液在矿石表面的润湿作用。

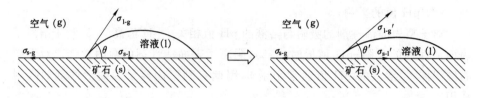

图 6-5   矿石表面接触角的变化

接触角等于 90° 是发生润湿作用的临界条件,$\cos\theta=1$ 时所对应的液体表面张力称为固体的临界表面张力(σ_c)。只有表面张力不大于某一固体的 σ_c 的液体才能在该固体表面上铺展。矿石表面不同矿物的临界表面张力若低于溶液的表面张力,则不利于浸出反应的进行。表面活性剂可以将溶液的表面张力降低,甚至低于所有矿物的临界表面张力,促进溶液与矿石之间的固液作用。

6.2.2　增强毛细渗透作用

堆浸矿岩散体之间存在微小孔隙,成为溶液的毛细渗流通道。矿石表面结构十分复杂,往往存在大量的表面缺陷(孔隙、裂隙等),如图 6-6 所示。矿石表面微孔裂隙发育较强烈,呈相互交织状。矿石表面的裂隙可分为内生裂隙和外生裂隙两种,内生裂隙是矿化过程中形成的,机械外力作用则是造成外生裂隙的主要原因。

由于颗粒中部分孔裂隙从矿石表面延伸至内部,因此位于表面微损伤结构处的有用矿物与溶液最易发生反应,溶液极易渗入到颗粒内的微裂隙中。这些与表面相连的孔裂隙为溶液从表面进入矿石内部提供了有利通道。在多孔介质中发生的浸湿过程称为渗透过程,如图 6-7 所示。液体表面弯月面产生的附加压力(Δp)是渗透过程的驱动力,附加压力越大,渗透效果越好。

附加压力可用下式表示:

$$\Delta p=\frac{2\sigma_{l\text{-}g}\cos\theta}{r}=\frac{2(\sigma_{s\text{-}g}-\sigma_{s\text{-}l})}{r} \tag{6-15}$$

式中　r——孔隙半径;

　　　θ——矿石表面接触角。

图 6-6　矿石表面的孔隙和裂隙

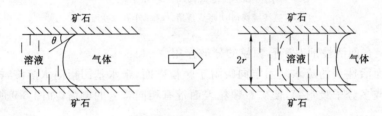

图 6-7　渗透过程示意图

由式(6-15)可知,在 r 为定值时,附加压力(Δp)值的大小取决于固气界面张力($\sigma_{s\text{-}g}$)和固液界面张力($\sigma_{s\text{-}l}$)的大小。

通过毛细上升实验的结果可知,表面活性剂能够降低 $\sigma_{s\text{-}l}$。在 $\sigma_{s\text{-}g}$ 保持不变时,$\sigma_{s\text{-}l}$ 的减小将导致 Δp 增大,促进溶液在矿石颗粒间及表面孔裂隙内的渗流作用。所以添加合适类型的表面活性剂有利于溶液在孔裂隙间的渗透作用,对于提高矿石的浸出率有一定帮助。

6.3　表面活性剂增强矿堆内溶液渗流

6.3.1　防止细颗粒物理堵塞

（1）细颗粒运移形成物理堵塞

在堆浸布液时,溶液的向下流动可以使部分粉矿、黏土迁移,形成聚集体而阻塞矿石颗粒的液流通道,阻碍溶液的均匀流动。这种阻塞可以是局部的,也可以是大范围的,严重时形成“浸出盲区”,或“封死”浸矿介质,使溶液从矿堆侧面流走。物理堵塞主要表现为对孔隙结构的改变,颗粒群孔隙结构的变化受细颗粒运移和沉积作用的控制,见图 6-8 所示。颗粒进入孔隙结构后不断向压力降低的方向运移,当遇到小于颗粒尺寸的通道时,颗粒无法通过而造成堵塞,见图 6-8(a);当多个细颗粒同时到达孔喉时,会形成"桥堵"而降低孔隙结构的渗透性,见图 6-8(b);细颗粒进入大直径孔隙时,部分颗粒沉积在孔隙表面,使有效渗流通道减小,见图 6-8(c)。

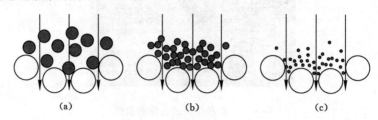

图 6-8　颗粒运移与沉积示意图

(a) 直接堵塞;(b) 形成桥堵;(c) 缩小孔隙断面

(2) 表面活性剂对矿石颗粒的分散作用

表面活性剂的疏水基团定向吸附于颗粒表面,亲水基团指向水溶液,构成了单分子或多分子吸附膜,使矿石颗粒表面带有相同符号的电荷,如图 6-9 所示。

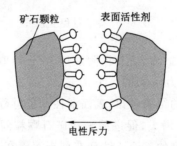

图 6-9　表面活性剂的分散作用

由于表面活性剂的吸附作用,矿石颗粒表面带有相同符号的电荷。在受到静电斥力作用产生排斥的同时,还受到远程范德华引力的作用,趋向凝聚。静电稳定理论(DLVO 理论)综合考虑这两种力的作用,可以很好地解释表面活性剂对颗粒间产生的分散作用。该理论的基本观点是:当不同带电胶体质点相互接近时,它们之间同时存在范德华引力以及双电层重叠产生的斥力,这两种力引起的势能随质点间距离的变化和它们的相对大小是决定体系稳定的关键。

两个矿石颗粒之间的总电位(V)由静电斥力电位(V_R)和范德华引力电位(V_A)构成,即 $V = V_R + V_A$。当引力电位占优势时,颗粒处于凝聚状态;反之,颗粒处于分散状态。

根据双电子模型，当 $s \leqslant r$ 时，粒子之间的范德华分子引力电位为：

$$V_A = \frac{Hr}{12s} \qquad (6\text{-}16)$$

V_R 可近似表示为：

$$V_R = \frac{1}{2}\varepsilon r\varphi^2 \ln[1 + e^{(-Ks)}] \qquad (6\text{-}17)$$

所以，矿石颗粒之间相互作用的总电位能为：

$$V = \frac{1}{2}\varepsilon r\varphi^2 \ln[1 + e^{(-Ks)}] - \frac{Hr}{12s} \qquad (6\text{-}18)$$

式中　ε——介电常数；

　　　r——颗粒半径；

　　　φ——表面电位；

　　　s——颗粒间表面距离；

　　　K——德拜-黑格尔常数；

　　　H——哈马克常数。

颗粒之间相互作用的总电位能（V）随颗粒间距离（s）变化的关系曲线如图 6-10 所示。当粒子间距较大或较小时，范德华引力占主导，粒子以相互吸引为主，在总的电位能曲线（图 6-10）上表现为第一极小值和第二极小值。在中间状态时斥力作用更占优势，电位能曲线上有一个极大值 V_{max}，称作位能势垒。位能势垒表示矿石颗粒之间的合力为斥力，若颗粒的热运动无法克服位能势垒则无法聚集，处于稳定的悬浮状态。

由式（6-18）可以看出，矿石颗粒之间的总电位能（V）与固体表面电位（φ）和介电常数（ε）呈正相关，与哈马克常数（H）呈负相关。溶液中加入表面活性剂之后，电离和吸附作用使得颗粒间双电位斥力增加，φ 和 ε 增大。同时，表面活性剂在细颗粒表面形成的吸附层使 H 减小。因此，加入表面活性剂使得细颗粒之间的总电位能升高，使颗粒间要达到凝聚，必须克服更高的位能势垒，因此可以处于相对稳定的悬浮或分散的状态。

6.3.2　抑制化学产物沉积

（1）化学产物沉积过程

由前文分析可知，浸出后矿石表面的沉淀以 $CaSO_4$ 为主，因此通过 Ca^{2+} 和 SO_4^{2+} 的化学反应过程分析沉淀产生的原因。

当溶液中 Ca^{2+} 和 SO_4^{2-} 浓度高于溶解平衡时的浓度时，溶液中阴、阳离子在电荷的相互作用下形成离子对，离子对数量不断加大并聚集形成晶核，晶核继续生长后从溶液中析出形成 $CaSO_4$ 结晶，结晶体在浓度差的作用下向结构面扩

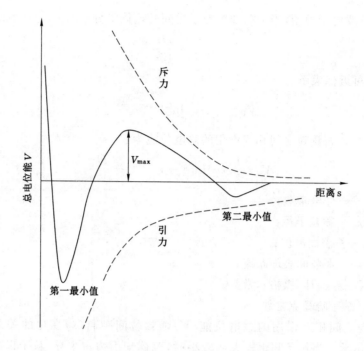

图 6-10　总电位能示意图

散,最终覆盖于结构面上,此时沉淀过程为传质控制。此外,溶液中的 Ca^{2+} 和 SO_4^{2+} 也会因浓度差的作用向结构面扩散,在电荷引力的作用下相互连接形成 $CaSO_4$ 结晶附着于结构面,此时沉淀过程为化学反应控制。$CaSO_4$ 的结垢速率可以表示为:

$$\frac{\mathrm{d}(1/U)}{\mathrm{d}t} = k_R(C_b - C^*) = k_R\Delta C \tag{6-19}$$

式中　$\mathrm{d}(1/U)/\mathrm{d}t$——结垢速率;

　　　C_b——溶液中 $CaSO_4$ 浓度;

　　　C^*——$CaSO_4$ 饱和浓度;

　　　ΔC——以 $CaSO_4$ 浓度差表示的推动力;

　　　k_R——结垢速率系数。

当 $\Delta C>0$ 时,$CaSO_4$ 开始向结构面附着,溶液中 $CaSO_4$ 浓度降低,当低于析晶浓度时,推动力 $\Delta C<0$,此时溶液中的 $CaSO_4$ 无法向结构面附着。可见化学沉淀是一个动态平衡过程,过程中 $CaSO_4$ 浓度的变化比较复杂。

(2) 化学沉淀对矿堆渗透性的影响

酸液与矿石进行化学反应,矿石表面发生了溶蚀、崩解等变化。但是,随着浸矿反应的持续进行,颗粒间会出现钙、镁化合物沉淀及含铁胶结物,将松散颗粒联结起来,降低了颗粒群整体孔隙率,导致其渗透性变差。颗粒群的渗透率受其孔隙率控制,式(6-20)反映了颗粒群渗透率与孔隙率之间的关联性。

$$k = \frac{k_0}{1+\varepsilon_V}\left[1+\frac{\varepsilon_V-(1-\omega)(1+\varepsilon_V)-(1-\omega_0)(2\Delta p_w/K_s-1)}{\omega_0}\right]^3$$

$$(6\text{-}20)$$

式中　ε_V——骨架颗粒体积应变;

　　　K_s——颗粒群体积弹性模量;

　　　ω_0——初始孔隙度;

　　　Δp_w——孔隙水压力;

　　　ω——颗粒群孔隙率。

化学反应产生的沉淀对矿堆渗透性的影响主要表现在 3 个方面:① 大量结晶沉淀的积聚生长,最终以胶结物的形式将矿石颗粒联结一起,导致粒间孔隙减少,影响溶液在颗粒群内的渗流;② 化学反应产生的结晶物或胶状物沉积在颗粒表面上,造成溶液不能与有用成分发生接触;③ 化学沉淀在孔隙或喉道表面逐渐生长并牢固地附着在孔喉表面上,阻碍溶液继续向矿石内部渗透。

(3) 表面活性剂阻碍沉淀作用

十二烷基硫酸钠为阴离子表面活性剂,当其溶于水后带有负电荷。静电斥力使表面活性剂分子链扩张,带电荷的 $CaSO_4$ 微晶将吸附在带有相反电荷的离子上。表面活性剂的链状结构可以同时吸附多个微晶,因此减少了溶液中的微晶数目,降低了生成沉淀的可能性。此外,表面活性剂的吸附作用改变了微晶表面的电荷分布而形成双电层,微晶表面带有同种电荷增大了粒子间的静电斥力,使微晶可以保持稳定的分散状态悬浮于溶液中,避免了晶粒聚集而形成沉淀。

此外,溶液中的表面活性剂可以附存在正在生成的沉淀微晶上,改变晶体的生长方式,使晶形的形态发生改变,抑制和破坏沉淀的生长。加入表面活性剂前后的矿石表面电镜扫描结果如图 6-11 所示。

不加表面活性剂时,矿石表面的沉淀结晶十分发育且致密,呈典型的六面体晶体,如图 6-11(a)所示。加入表面活性剂以后晶体变得不规则,呈团状且相对疏松,晶体结构发生"坍塌",如图 6-11(b)所示。这是因为表面活性剂破坏了沉淀结晶的正常增长规则,产生的只是非结晶颗粒,从而有效防止沉淀大量结晶并附着在矿石表面形成堵塞。

图 6-11　加入表面活性剂前后矿石表面结晶变化

6.4　表面活性剂提高矿石浸出速率

在矿石浸出过程中,不应只关注浸出率,还应重视浸出速率这一指标。相同时间内,浸出速率越高则浸出率越大。影响浸出速率大小的因素包括液体边界层扩散速率、固体产物层扩散速率和固液界面化学反应速率,三个因素中速率最小的将成为控制浸出的主要因素,决定矿石浸出速率的大小。

通过对前文的摇瓶实验和柱浸实验结果进行浸出动力学分析,得出矿石浸出的控制因素,并分析表面活性剂强化矿石浸出的方式。

6.4.1　摇瓶实验浸出反应动力学分析

（1）浸出反应动力学模型

矿石浸出过程的动力学分析可分为多种情况,摇瓶浸出符合单颗粒液固反应的动力学方程。当矿石与溶液接触时,在矿石表面存在一个液膜层,溶液只有通过这层液膜才能到达矿石表面进行反应。同时,随着浸出反应的进行,化学反应产物沉积在矿石表面,形成固体产物层,如图 6-12 所示。矿石浸出速度既与界面的化学反应有关,又与通过扩散层的传质有关,即化学反应和扩散同时影响整个过程的动力学。

设 n 为所有矿石颗粒中固体反应物的总摩尔数,A 表示总面积,则矿石表面反应速率可用下式表示:

$$\frac{\mathrm{d}n}{\mathrm{d}t} = -AC_s k_s \qquad (6\text{-}21)$$

式中　C_s——矿石表面浸出剂的浓度;

　　　t——浸出时间;

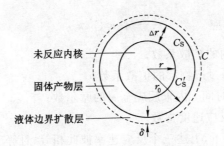

图 6-12　矿石颗粒浸出模型

k_s——表面反应的反应速率常数。

由于矿石颗粒表面有一个扩散层,所以 C_s 与溶液主体中浸出剂的浓度不相同,浸出剂向固体表面的扩散可由菲克定律表示。

$$J = -D\frac{C - C_s}{d\delta}A = \gamma\frac{dn}{dt} \tag{6-22}$$

式中　C——溶液主体中浸出剂的浓度;

　　　δ——边界扩散层厚度;

　　　γ——化学计量系数。

由式(6-21)和式(6-22)可得出:

$$C_s = \frac{DC}{D + \gamma k_s d\delta} \tag{6-23}$$

因此:

$$\frac{dn}{dt} = -\frac{CA}{\dfrac{1}{k_s} + \gamma\dfrac{d\delta}{D}} = -CAk'_0 \tag{6-24}$$

式中,k'_0 为混合反应速度常数,且

$$k'_0 = \left(\frac{1}{k_s} + \gamma\frac{d\delta}{D}\right)^{-1} \tag{6-25}$$

对于矿石颗粒浸出可以用近似稳态处理,在有固态产物层的情况下,浸出过程包括:① 浸出剂通过液体边界层的扩散;② 通过固体反应产物的扩散;③ 界面化学反应;④ 产物离开界面扩散。

对于球形几何体,液体边界层扩散速率、通过固体产物层扩散速率以及界面化学反应速率分别为:

边界层扩散
$$\frac{dn}{dt} = -\frac{4\pi r_0^2 D_s(C - C_s)}{\gamma\delta} \tag{6-26}$$

通过固体产物层扩散
$$\frac{dn}{dt} = -\frac{4\pi D' r r_0(C_s - C'_s)}{\gamma(r_0 - r)} \tag{6-27}$$

界面上的化学反应 $\qquad \dfrac{\mathrm{d}n}{\mathrm{d}t} - 4\pi r^2 C'_s k'_0$ （6-28）

式中 D_s——溶液内的扩散系数；

$\qquad D'$——扩散通过产物层的扩散系数；

$\qquad n$——在任意时间 t 内未反应金属的摩尔数；

$\qquad k'_0$——表面反应速度常数。

在任何稳态条件下，上述三个反应速率彼此相等，且等于总过程速度。若忽略逆反应速度，将式（6-26）、式（6-27）和式（6-28）联立求解。

由式（6-28）得：

$$C'_s = -\frac{\mathrm{d}n}{\mathrm{d}t}\frac{1}{4\pi r^2 k'_0}$$ （6-29）

将式（6-29）代入式（6-27）可得出：

$$C_s = \left[-\frac{\gamma(r_0 - r)}{4\pi D' r r_0} - \frac{1}{4\pi r^2 k'_0}\right]\frac{\mathrm{d}n}{\mathrm{d}t}$$ （6-30）

将式（6-30）代入式（6-26）得出：

$$\frac{\mathrm{d}n}{\mathrm{d}t} = -\frac{4\pi r_0^2 D_s C}{\gamma\delta\left[1 + \dfrac{r_0(r_0 - r)D_s}{\delta r D'} + \dfrac{D_s r_0^2}{\gamma\delta r^2 k'_0}\right]}$$ （6-31）

因为：

$$r = r_0(1 - \alpha)^{1/3}$$ （6-32）

$$n = \frac{4}{3}\pi r^3 \frac{\rho}{M} = \frac{4}{3}\pi r_0^3(1 - \alpha)\frac{\rho}{M}$$ （6-33）

故：

$$\frac{\mathrm{d}n}{\mathrm{d}t} = -\frac{4}{3}\pi r_0^3(1 - \alpha)\frac{\rho}{M}\frac{\mathrm{d}\alpha}{\mathrm{d}t}$$ （6-34）

由式（6-34）和式（6-31）联立可得：

$$\frac{\mathrm{d}\alpha}{\mathrm{d}t} = -\frac{3MC}{\rho\left\{\dfrac{\gamma\delta r_0}{D_s} + \dfrac{\gamma r_0^2\left[1 - (1 - \alpha)^{1/3}\right]}{D'(1 - \alpha)^{1/3}} + \dfrac{r_0}{k'_0(1 - \alpha)^{2/3}}\right\}}$$ （6-35）

式中 M——矿石中反应物的分子量；

$\qquad \rho$——矿石颗粒密度；

$\qquad \alpha$——反应分数，即浸出率；

$\qquad r_0$——浸出前矿石颗粒半径；

$\qquad r$——t 时刻矿石颗粒半径。

式（6-35）适用于平均粒径为 r_0 的矿石颗粒。若 C 为常数，对式（6-35）进

行积分,可得矿石颗粒浸出率(α)与时间(t)关系:

$$t = A_1\alpha + A_2\left[1 - \frac{2}{3}\alpha - (1-\alpha)^{2/3}\right] + A_3\left[1 - (1-\alpha)^{1/3}\right] \quad (6\text{-}36)$$

式中,$A_1 = \dfrac{\gamma\delta\rho r_0}{3MCD_s}$;$A_2 = \dfrac{\gamma\rho r_0^2}{2MCD'}$;$A_3 = \dfrac{\rho r_0}{MCk'_0}$。

由式(6-36)可以看出,方程右边三项分别代表了边界层扩散、固体产物层扩散与表面化学反应,式(6-36)是三个速率表达式的总和。

(2)反应动力学参数拟合

结合3.3.3节摇瓶实验中第1组和第3组浸出率与浸出时间之间的关系,应用DPS软件,对式(6-36)中的 A_1、A_2 和 A_3 进行回归分析,确定表面活性剂强化矿石颗粒浸出的关键因素,拟合结果如表6-1所列。

表 6-1　　　　　　　　摇瓶浸出反应动力学特征参数回归

编号	A_1 值	A_2 值	A_3 值	与 t 之间的相关系数			回归系数 R
				$r(A_1)$	$r(A_2)$	$r(A_3)$	
第1组	-35 708.41	-114 591.8	107 629.93	0.895 4	0.974 7	0.915 1	0.996 5
第3组	-4 988.6	-16 546	15 242.64	0.949 5	0.985 4	0.968 5	0.991 9

表6-1列出了式(6-36)中的三个速率与 t 之间的相关系数。对比三组数据可以看出 A_2 与 t 之间的相关系数最大,A_3 次之,A_1 最小。由此说明固体产物层扩散对于浸出速率的贡献大于其他两项,边界层扩散对矿石浸出影响最小,固体产物扩散成为限制矿石颗粒浸出反应的主要环节。在摇瓶实验中,随着浸出反应的进行,某些固体化学产物(如 $CaSO_4$、黄铁钒等)覆盖在矿石表面,阻碍溶液与矿石的接触,因此固体产物层扩散成了决定浸出速率的主要因素。实验中矿石颗粒与溶液接触比较充分,溶液的外扩散作用较为强烈,因此边界层扩散对矿石浸出率的限制程度最低。

根据表6-1中给出的反应动力学特征参数 A_1、A_2 和 A_3,结合式(6-36)和图3-5中的实验结果得到了浸出率的拟合曲线,如图6-13所示。矿石浸出率拟合曲线与实验值十分接近,误差较小,回归结果理想。

6.4.2　柱浸实验浸出反应动力学分析

(1)浸出反应动力学模型

矿石浸出过程为一系列复杂的物理、化学动力学过程,溶液在分子扩散和对流作用下扩散至矿石毛细裂隙和矿块内部,与矿石发生氧化还原反应后再由矿物内部扩散至矿石表面进入到溶液中。矿块反应模型认为矿块中存在已反应

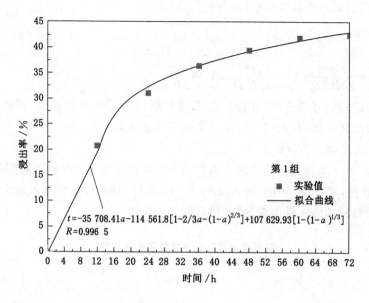

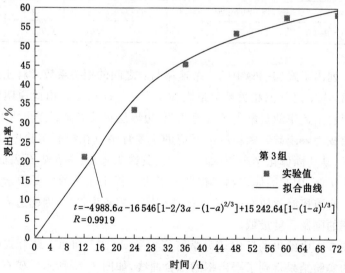

图 6-13　摇瓶实验矿石浸出率拟合曲线

区、反应区和未反应区,如图 6-14 所示。假设矿块为球形,矿块直径为 r_0,未反应区的半径为 r。三个区域之间有着明确的界限,反应区的厚度很小,而且不断向矿块中心移动。溶液经过已反应区的孔裂隙扩散到反应区。

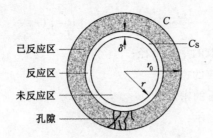

图 6-14　矿块浸出反应示意图

反应区内反应速率可表示为：

$$-\frac{\mathrm{d}n}{\mathrm{d}t}=\frac{4\pi r^2\delta A_{\mathrm{p}}}{\varphi}n_{\mathrm{p}}kC_{\mathrm{S}}\qquad(6\text{-}37)$$

式中　n——可反应矿物摩尔数；

　　　t——浸出时间；

　　　k——浸出反应速率常数；

　　　C_{s}——溶液在反应区内平均浓度；

　　　δ——反应区厚度；

　　　n_{p}——单位岩石体积中矿物颗粒的数目；

　　　A_{p}——反应区内每个颗粒的平均面积；

　　　φ——对矿块与反应区形状偏离球体与球面进行正交的集合因素。

溶液扩散穿过孔隙进入反应区的扩散速度可表示为：

$$\frac{\mathrm{d}n}{\mathrm{d}t}=\left(\frac{4\pi r^2}{\varphi}\right)\left(\frac{Df}{b}\right)\left(\frac{\mathrm{d}C}{\mathrm{d}r}\right)\qquad(6\text{-}38)$$

式中　D——溶液在已反应区内的有效扩散系数；

　　　b——浸出反应式中的计量系数；

　　　C——溶液主体中浸出剂的浓度；

　　　f——矿石的孔隙度。

对式(6-38)积分得：

$$-\frac{\mathrm{d}n}{\mathrm{d}t}=\frac{4\pi rr_0}{\varphi}\frac{Df}{b}\frac{(C-C_{\mathrm{S}})}{r_0-r}\qquad(6\text{-}39)$$

由式(6-37)和(6-39)得：

$$\frac{\mathrm{d}n}{\mathrm{d}t}=-\frac{4\pi r^2}{\varphi}C\left[\frac{1}{\delta n_{\mathrm{p}}A_{\mathrm{p}}k}+\frac{b}{Df}\frac{r}{r_0}(r_0-r)\right]^{-1}\qquad(6\text{-}40)$$

假设 $B=\dfrac{3\rho_{\mathrm{r}}\delta k}{r_{\mathrm{p}}\rho_{\mathrm{p}}}$，矿块内目标金属元素所占百分比 $G=\dfrac{\delta n_{\mathrm{p}}r_{\mathrm{p}}\rho_{\mathrm{p}}}{3\rho_{\mathrm{r}}}$，则

$$\frac{\mathrm{d}n}{\mathrm{d}t} = -\frac{4\pi r^2}{\varphi}C\left[\frac{1}{GB} + \left(\frac{b}{Df}\right)\left(\frac{r}{r_0}\right)(r_0-r)\right]^{-1} \tag{6-41}$$

式中　r_p——矿物颗粒的平均半径；

　　　ρ_p——矿物颗粒的密度；

　　　ρ_r——岩石脉石的密度。

n 可由式(6-42)表示：

$$n = \frac{4}{3M}\pi r^3 \rho_r G \tag{6-42}$$

式中　M——矿石中反应物的分子量。

将式(6-42)代入式(6-41)得：

$$\frac{\mathrm{d}r}{\mathrm{d}t} = -\frac{MC}{\varphi\rho_r G}\left[\frac{1}{GB} + \frac{b}{Df}\frac{r}{r_0}(r_0-r)\right]^{-1} \tag{6-43}$$

浸出率(α)可由下式表示：

$$\alpha = 1 - \frac{r^3}{r_0^3} \tag{6-44}$$

故式(6-43)可写为：

$$\frac{\mathrm{d}\alpha}{\mathrm{d}t} = \frac{3MC}{\varphi\rho_r r_0 G} \frac{(1-\alpha)^{2/3}}{\left\{\dfrac{1}{GB} + \dfrac{b}{Df}r_0(1-\alpha)^{1/3}\left[1-(1-\alpha^{1/3})\right]\right\}} \tag{6-45}$$

在 C 为常数的条件下，对式(6-45)积分后得矿块浸出率(α)与时间(t)关系：

$$t = B_1\left[1 - \frac{2}{3}\alpha - (1-\alpha)^{2/3}\right] + B_2\left[1-(1-\alpha)^{1/3}\right] \tag{6-46}$$

式中，$B_1 = \dfrac{\varphi G r_0^2 \rho_r b}{2MDfC}$，$B_2 = \dfrac{2Df\varphi r_p \rho_p r_0}{3b\delta k BMC}$。

式(6-46)中第一、二项分别表示固体产物层扩散和界面化学反应对浸出速率的贡献。固体产物层扩散指溶液通过矿石表面孔裂隙进入反应区以及浸出反应产物进入溶液这两个过程；界面化学反应是指在矿石表面发生的氧化还原反应。

（2）反应动力学参数拟合

结合 5.4.4 节中柱浸实验的浸出率与浸出时间之间的关系，应用 Matlab 软件，分别以"$1-\dfrac{2}{3}\alpha - (1-\alpha)^{2/3}$"和"$1-(1-\alpha)^{1/3}$"为 X 轴和 Y 轴，以 t 为 Z 轴，绘制出固体产物层扩散和界面化学反应与反应时间之间的关系，如图 6-15 所示。图 6-15 中两条曲线逐渐变陡，t 值增长速度逐渐加快，变化趋势与式(6-46)的数学规律一致。

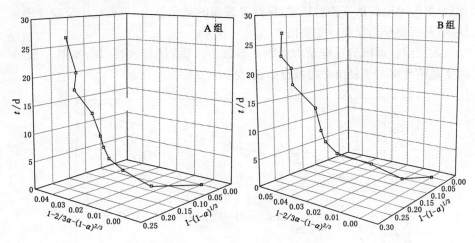

图 6-15　柱浸反应动力学参数曲线

　　根据图 6-15 中浸出率与时间的关系,应用 DPS 软件对式(6-46)中的 B_1、B_2 进行回归分析,得出表面活性剂强化矿石浸出的关键因素,拟合结果如表 6-2 所列。

表 6-2　　　　　　　　　柱浸反应动力学特征参数回归

编号	B_1 值	B_2 值	与 t 之间的相关系数		回归系数 R
			$r(B_1)$	$r(B_2)$	
A	1 677.2	−191.04	0.902 8	0.781 2	0.968
B	934.3	−105.93	0.928 8	0.846 6	0.960

　　表 6-2 列出了式(6-46)中两项与 t 之间的相关系数,对比两列数据可以看出 B_1 的相关系数大于 B_2,表明固体产物层扩散对于浸出速率的贡献大于界面化学反应,固体产物层扩散成为限制浸出反应的主要环节。

　　从化学动力学角度分析,氧化反应为非均质反应,分子扩散主要是通过溶液浓度不均匀特性所带来的对流作用,液体浓度空间分布差异是溶液运动的基本动力。随着浸出反应的不断进行,反应区与溶液中离子浓度差减小,扩散作用减弱。在浸出反应之后,矿石表面会被反应的固体产物覆盖。这些产物在矿石表面形成位阻,堵塞了矿石表面的孔裂隙,阻碍了溶液的固体产物层扩散作用。因此,随着浸出反应的进行,浸出率增长速度减缓,直至为 0。添加表面活性剂后,溶液的表面张力降低,溶液的流动阻力减小,有利于固体产物层扩散作用。

在浸出反应初期,溶液中的硫酸与碱性脉石矿物反应,这一阶段酸耗较高。此后,溶液中硫酸浓度相对稳定,保持着较强的氧化能力,界面化学反应速度较快,不是抑制浸出反应的主要因素。

根据拟合得出的反应动力学特征参数 B_1、B_2,结合式(6-46)和图 5-21 中的实验结果得出了浸出率的拟合曲线,见图 6-16。

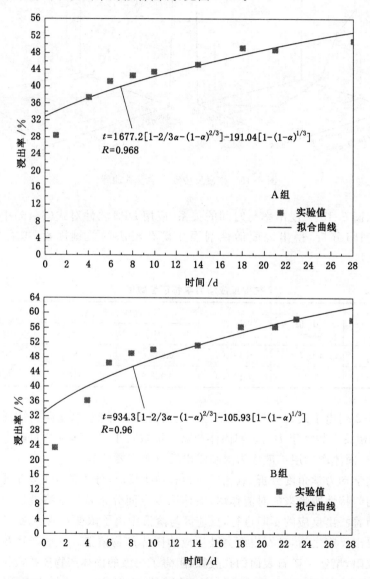

图 6-16　柱浸矿石浸出率拟合曲线

从图 6-16 中可以看出,拟合曲线与实验值十分接近,误差较小,回归结果理想。

6.4.3 表面活性剂强化扩散作用

在摇瓶实验浸出动力学分析中,拟合系数 A_2 与 t 之间的相关系数最大,说明矿石颗粒浸出主要受固体产物层扩散控制;同样,对柱浸实验的浸出动力学分析也得出控制矿石浸出速率的主要环节为固体产物层扩散。与此同时,通过拟合结果还可以得出添加表面活性剂之后,固体产物层扩散拟合参数与 t 之间的相关性提高,说明表面活性剂促进了扩散作用。

由于表面活性剂不参与化学反应,因此其不影响化学反应速率,但对扩散作用有一定影响。添加表面活性剂有利于溶液通过固体产物层,这主要有两方面的作用:一方面,添加表面活性剂后溶液的表面张力和黏度均有明显的降低,减小了溶液的运动阻力,强化了溶液的流动扩散和传质作用;另一方面,表面活性剂吸附在矿石表面,改善了矿石的润湿性能,特别是有利于溶液进入矿石表面的微孔裂隙,并且这种吸附作用阻碍了矿石表面化学沉淀的形成。同时,由于液体表面张力降低、溶液黏度减小,液体边界层扩散速率亦得到提高。

由上述分析可知,表面活性剂主要通过强化固体产物层及边界呈扩散作用提高矿石浸出速率。

7 矿石堆浸的表面活性剂强化浸出技术

云南某铜矿的氧化矿石采用堆浸-萃取-电积工艺处理,该工艺虽然具有流程短、投资小、用人少等优点,但矿石中具有含大量碱性矿物,在浸出过程中形成钙、镁等难溶性物质沉淀,并出现 $Al(OH)_3$ 以及 $Fe(OH)_3$ 凝胶体,易使矿堆出现化学堵塞,从而恶化浸出效果。同时,氧化铜矿含泥量较高,导致矿堆渗透性差,浸出效果与设计值之间存在一定差距。

7.1 某铜矿堆浸工程简介

7.1.1 地理位置与资源概况

该铜矿位于滇西北的山区,隶属云南省迪庆藏族自治州德钦县羊拉乡管辖。矿床属于热液生矿床,围岩蚀变发育,类型众多复杂。该铜矿主要由里农、路农、江边三个矿段组成。由于里农矿段三分之一的矿量为氧化矿,且路农矿段几乎全部为氧化矿,因此矿区内氧化铜矿资源丰富。

该铜矿湿法冶金项目一期、二期工程分别建设了一座浸出-萃取-电积厂,矿石处理能力均为 2 500 t/a。矿石浸出以堆浸工艺为主,工程布置如图 7-1 所示。

7.1.2 堆浸过程存在的问题

(1) 化学沉淀阻碍矿石浸出

该铜矿氧化矿矿石性质极为复杂,通过全元素分析可知铜矿矿床内有金属矿物 24 种,脉石矿物 18 种。矿石中主要成分是 Fe_2O_3、SiO_2,其次为 CaO、Al_2O_3。脉石矿物以硅酸盐为主,次有碳酸盐类及氧化物类。碱性脉石矿物($Al_2O_3+CaO+MgO$)含量超过 13.3%,此类矿物含量高是矿石浸出过程中产生化学沉淀的主要原因。

化学沉淀对于矿石浸出的影响主要有两方面:一是沉淀覆盖钝化矿石表面形成结垢,见图 7-2(a),影响溶液继续向矿石内部渗透;二是化学沉淀聚集在矿石颗粒孔隙中,造成矿堆渗透性下降,溶液难以与矿石接触,如图 7-2(b)所示。

(2) 矿堆渗透性差

该铜矿氧化矿埋藏较浅,风化现象严重,矿石松散细碎。由于矿石中细颗粒

(a)　　　　　　　　　　　(b)

图 7-1　某铜矿现场图

(a) 堆浸现场；(b) 湿法厂

(a)　　　　　　　　　　　(b)

图 7-2　矿石表面结垢与化学沉淀现象

(a) 结垢；(b) 化学沉淀

(—20 mm)含量大,因此在早期堆浸工业试验时出现了渗透性差的问题,加上配套设施不完善等因素,导致矿石浸出率极低。

当喷淋开始时,溶液在矿堆表面后难以下渗,浸堆表面经常看到有积液,如图 7-3(a)所示。同时,浸出过程中伴随着边坡沟流现象。在喷淋管网拆除后,甚至会出现板结现象,形成一层致密的不透水层,导致矿石得不到有效的浸润,见图 7-3(b)。

此外,由于溶液渗透速度缓慢,影响了矿石表面溶液的更新速度,使矿石浸出周期大大延长。

(a)

(b)

图 7-3 矿堆渗透性差
(a) 积液;(b) 板结

7.2 表面活性剂应用于堆浸的工艺

7.2.1 堆浸工艺流程

根据该铜矿堆浸工艺的特点,在前期研究基础上,提出了添加表面活性剂工艺方案。图 7-4 为矿石堆浸生产的流程示意图,设计在溶液循环过程中添加表面活性剂溶液。

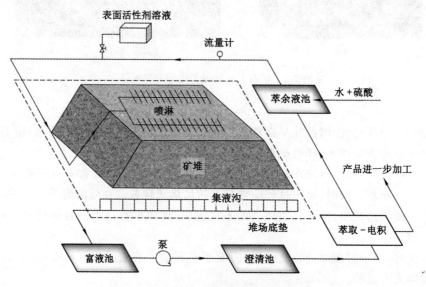

图 7-4 堆浸中表面活性剂添加工艺流程

如图 7-4 所示,表面活性剂添加位置在萃余液池与堆场之间。萃余液池的位置高于堆场,萃余液进入萃余液池中补充水和硫酸,然后通过管道自流运达堆场顶端进行喷淋。根据所需浓度将表面活性剂溶液制备好之后,按照设计流量通过泵压进入输送管道,与浸出剂进行混合。由于添加点最接近喷淋环节,因此首次进入系统内的表面活性剂溶液将全部达到矿堆。

7.2.2 表面活性剂溶液的制备与添加

（1）表面活性剂溶液制备流程

实验优选出的助浸剂十二烷基硫酸钠为白色或淡黄色粉状,极易溶于水,在应用于矿石堆浸之前需按设定浓度制成溶液。人工添加表面活性剂费时费力且效率不高,因此设计了一套表面活性剂制备与添加系统,如图 7-5 所示。表面活性剂溶液制备与添加系统是保证表面活性剂能够充分溶解于水并形成均匀溶液的关键设备,也为表面活性剂溶液自动添加提供了可能。

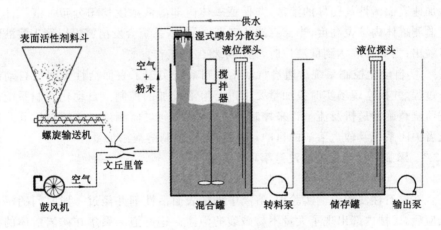

图 7-5　表面活性剂溶液制备工艺

当混合罐达到低液位时,表面活性剂溶液制备系统开始运行,水路的电磁阀打开,向制备箱内注水（或硫酸水溶液）,管路上的流量计将实时监测水流量。根据设定浓度和已加水量设定表面活性剂干料添加量,开启螺旋输送机将斗内的物料定量投加到混合罐中,此过程中搅拌器开始运转以使物料混合均匀。当混合罐中的液位较高时,转料泵启动,将配置好的溶液输送至储存罐。随后配置好的表面活性剂溶液便可通过输出泵添加到堆浸系统中。

（2）溶液制备与添加系统组成

表面活性剂制备与添加系统包括干粉投加装置、溶解制备装置、搅拌储存装置、自动控制系统等部分。

① 干粉投加装置。干粉投加装置由料斗、螺旋输送机、称重装置、鼓风机、粉料流量开关等构成。主要功能是将表面活性剂粉料定量投加、输送到溶液制备装置中。

② 溶解制备装置。表面活性剂的均匀分散是溶解的关键环节,溶解制备装置包括混合罐、水力喷射分散装置、流量开关、转料泵等。主要功能是将表面活性剂充分溶解,制备成一定浓度的溶液,然后将溶液输送到投加装置中。为避免因浓度过高形成胶体,分散装置采用水力喷射分散式,其原理是利用文丘里管在喷射段形成的负压将干粉吸入,并在喷射器内和输送管中形成湍流,使表面活性剂混合溶解形成溶液。在该环节中应保证罐内水量充足后再加入表面活性剂,避免因浓度过高产生胶体。

③ 搅拌储存装置。搅拌储存装置主要由组合罐体、搅拌器和液位计组成。组合罐体分为混合罐和储存罐,保证了表面活性剂溶液供料的连续性。搅拌器将加速表面活性剂粉体的溶解,并保证罐体内部溶液浓度均匀分布。液位计负责监测罐体内液位高度,当储存罐达到高液位时,系统会发出警报以警告溶液即将溢出;当储存罐达到低液位时,输出泵将停止工作。

④ 自动化控制系统。通过自动化控制系统实现了表面活性剂溶液自动制备过程,并根据现场实时投加量要求进行溶液投加的控制。自动化控制系统通过监测螺旋输送机及流量计来控制溶液的浓度;通过监测液位传感器达到开启或者关闭系统及输送溶液的目的;利用流量计控制溶液添加量。

7.2.3 添加表面活性剂的注意事项

(1) 选择合适的添加时间点

在矿石柱浸探索性实验中,溶液中添加表面活性剂并经过一段时间的浸出反应后,矿柱内部出现了大量不易破裂的泡沫。这些泡沫聚集在矿岩散体的孔隙之间,严重影响了溶液的下向渗流。

产生泡沫的主要原因有两个:一是浸出反应产生气体以及矿石孔裂隙中存在气体,这两部分气体为泡沫的产生提供了必要条件;二是溶液表面吸附了表面活性剂分子。

由于矿石含有一些碳酸盐矿物,如孔雀石[$Cu_2CO_3(OH)_2$]、蓝铜矿[$Cu_3(CO_3)_2(OH)_2$]、方解石($CaCO_3$)等,这些矿物与 H_2SO_4 发生化学反应后必定会产生 CO_2 气体,如式(7-1)所示。

$$CO_3^{2-} + 2H^+ \longrightarrow CO_2 \uparrow + H_2O \tag{7-1}$$

除化学反应产生气体以外,当溶液渗流至矿岩散体内的孔裂隙时,其中的气体会向溶液进行扩散溶解。

相对在没有添加表面活性剂时的浸出过程不会出现大量泡沫,即使出现少量气泡,其存在时间也较短。由此可知,仅有气体并不足以形成大量稳定泡沫,表面活性剂则是另一个因素。表面活性剂在溶液表面的富集,降低了液体的表面张力,使得气泡不易破裂,其作用原理如下:

① 当气体进入水溶液后,在气-液界面上会迅速吸附表面活性剂分子,形成由吸附水膜所包裹的气泡,见图7-6(a)。

② 当气泡到达液体表面时与表面活性剂再次发生吸附,气泡表层变为双分子气泡水膜[见图7-6(b)]。此过程增加了气泡水膜的厚度,使气泡具有一定的机械强度并且不易破灭。

③ 溶液的表面张力是气泡进入空气的主要阻力。添加表面活性剂后,溶液的表面张力大大降低,因此液面不足以阻挡气泡的离开。当气泡进入气相中后,在表面张力的作用下液膜收缩为球形,一个气泡最终形成,见图7-6(c)。

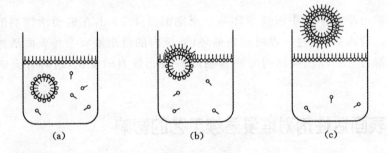

图7-6 溶液中气泡形成及过程

为了避免在堆浸过程中产生大量泡沫影响溶液渗流及矿石浸出,建议选择合适的表面活性剂添加时间点。在浸出前期(1～3 d)浸出剂浓度较高,矿石表面化学反应强烈,是产生气体最多的阶段,在此阶段可不加表面活性剂或选择低浓度添加。在浸出前期矿石浸出率高,由物理运移和化学固结所形成的堵塞现象尚不明显,因此延迟添加表面活性剂不会影响其整体助浸效果。随着反应的进行,溶液通过矿石表面的孔裂隙进入矿石内部,孔裂隙内的气体进入溶液中,但因气体总量很少,故不会产生大规模泡沫。

因此,建议在浸出过程中先用溶液对矿石进行"预处理",待由化学反应产气量减小后,再添加表面活性剂溶液进行强化浸出。

(2)控制表面活性剂添加浓度

实验结果表明表面活性剂的助浸效果与添加量成正比,表面活性剂浓度越高,矿石浸出率越高。但是在实际生产中,应严格控制表面活性剂溶液的浓度,避免在矿堆内部生成胶束而影响矿石浸出。虽然表面活性剂浓度大于临界胶束浓度时才会产生胶体,但是临界胶束浓度是一个与温度等因素相关的物理量。由图 3-14 可知,在温度降低时,临界胶束浓度值会下降。在实际的堆浸生产过程中,会出现某些实验室内无法模拟的条件变化,如昼夜温度变化、雨雪天气等,表面活性剂的溶解度会随环境温度的变化而改变。在低温、高浓度条件下,表面活性剂形成胶束的过程不可逆。因此要适当降低表面活性剂溶液的浓度,以免因外界因素变化形成胶束聚集而影响矿石浸出。

(3) 确定合理添加周期

添加表面活性剂之后,溶液的表面张力明显降低。但随着浸出反应的进行,溶液的表面张力又会逐渐升高,前文 3.3.3 节中的实验结果已经证明了这个规律。产生这个现象主要有两个原因:一是在酸浸体系中,表面活性剂分子被破坏;二是表面活性剂分子吸附在矿石表面,导致溶液内表面活性剂数量降低。

该矿山堆浸生产中溶液循环一个周期需要 4～7 d,在表面活性剂溶液添加至输送管内后,经过一段时间的循环,系统内的浸出液将会与表面活性剂溶液充分混合。在浸出周期内时刻监测溶液表面张力的变化,适时补充表面活性剂。

7.3 表面活性剂对堆浸后续工艺的影响

7.3.1 溶剂萃取-电积法回收铜工艺

从低品位铜矿石堆浸的浸出液中回收铜主要采用溶剂萃取-电积法,工艺流程如图 7-7 所示。

(1) 萃取过程

当水溶液与有机溶液混合时,水相中的金属离子与有机相中的萃取剂发生化学反应,生成的萃合物进入有机相,这一过程称为萃取。两相接触后的水相称为萃余液,含有萃合物的有机物称为萃取液或负载有机相。由于萃取剂的选择性,易萃离子进入有机相,难萃离子留在无机相,如果难萃离子是需除去的无用杂质离子,则此时的萃余液又称为残液。

负载有机相在另一个混合器中与另一种水溶液(反萃剂)混合,萃合物分解,金属离子又重新回到水相,此过程为反萃取。得到的反萃液是含被萃金属离子的纯溶液。反萃后的有机相称为空白有机相,返回系统中再次利用。

(2) 常用萃取剂

常用的萃取剂是含羟基苯肟官能团的 Lix 系列萃取剂,其优点是对铜选择性强,萃取能力和饱和性能好,对铁萃取作用小,可在低 pH 值时使用;N51 萃取

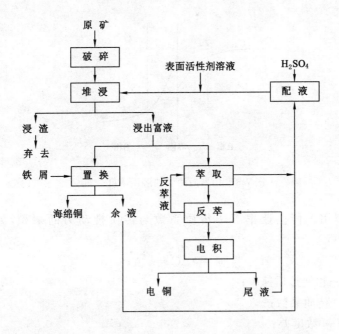

图 7-7　溶剂萃取-电积法工艺流程

剂也是一种螯合型肟类萃取剂,其性能与 Lix 系列相似。常用的稀释剂以煤油为主,其次有苯二乙苯、重溶剂油等。萃取剂与稀释剂共同构成有机相,萃取剂体积占有机相的 5%～10%。

(3) 电积

萃取一般需要 2～3 段,饱和有机相进入反萃取段,用电积尾液作反萃取液使铜从有机相再转入水相,成为杂质极少而铜浓度更高的电积溶液,即可直接电积得到电铜,萃余液经补加试剂后返回浸出体系。

电积在电积槽中进行,槽体一般由钢筋混凝土制成,内衬铅皮、聚氯乙烯或环氧树脂玻璃钢。输入电压为 50～100 V 的直流电流,槽电压为 1.8～2.4 V,电流密度为 80～200 A/m²,溶液循环流速为 5～10 L/min。

7.3.2　萃取过程中的相间传质

萃取过程中的相间传质是指从一液相主体通过单位相界面积向另一相主体质量的传递。在两相(R 相和 S 相)主体间,被传递的溶质的浓度是逐渐变化的,如图 7-8 所示。

R 相和 S 相间包括主体相中的对流(层流和湍流流动)传质、相界面附近的边界层内的对流和扩散传质以及界面上的溶解平衡和界面状态对传质的促

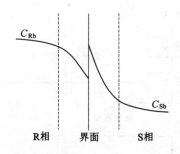

图 7-8　相界面两侧的溶质浓度分布

进和阻碍作用。传质速率等于传质系数与传质推动力的乘积，如式（7-2）所示。

$$J = k\Delta C = k'\Delta x \tag{7-2}$$

式中　J——相间传质速率；

　　　k——传质系数；

　　　ΔC——浓度差；

　　　Δx——摩尔分数差。

因此相间传质系数的定义是与推动力的定义方式密切相关的，取决于 J 和 ΔC 定义的是局部值还是过程中的时间或空间的平均值，且传质系数 k 也同样为瞬时值或某种平均值。

7.3.3　表面活性剂对萃取传质的影响

界面的性质对相界面传质速率有很大的影响。多数场合下可假设界面上的溶解达到平衡，没有传质阻力。但即使在清洁无表面活性剂的相界面上，由于溶解（萃取）是通过非均相反应进行的，或通过溶剂化、缔合、水合、脱水等物理过程实现的，也可能未达到平衡，因而消耗了部分传质推动力。相反，由于传质形成相界面张力的梯度，引起自发的界面湍动，又可强化相间传质速率。表面活性剂对界面物理性质的影响自然也影响相间传质速率。

表面活性剂是溶于界面两侧的一相或两相，且平衡时会在界面富集的化学试剂。通常少量的表面活性剂就会使界面张力明显地下降，并削弱物系表面张力和溶质浓度间的依赖关系。表面活性剂选择适当且浓度较高时，界面张力甚至不受浓度的影响，这样可以用表面活性剂抑制界面的不稳定性，制止界面湍动。另外，表面活性剂在界面吸附，占据一定的界面积，有时会增大界面溶解的阻力。当液滴在连续相中运动时，表面活性剂会在液滴表面重新分配，向运动液滴的尾部表面集中，抑制滴外对流和内部环流，降低液滴的传质速率。总的来说,表面活性剂对液-液萃取体系相间传质并不会产生不利影响,其作用方式主要有以下几个方面。

(1) 堵塞物质表面

表面活性剂可在水面形成单分子层,大大降低水面的蒸发速率,这是因为水分子蒸发通道的面积缩小了。Davies 和 Mayers 研究了表面活性剂膜对传质速率的影响,包括在水-苯界面上散布一层抗酸蛋白质(胃蛋白酶)对醋酸传进苯中的影响,以及十六烷基三甲基溴化铵或十八烷基三甲基氯化铵对苯-水-异丙醇体系的影响,结论是少量的表面活性剂能使传质速率显著下降。但并非所有单分子层都有效。若是传质表面积缩小的缘故,则传质速率的降低应正比于表面活性剂在界面的吸附量,后者同时应体现在降低表面张力上,但 Garner 和 Hale 发现在表面活性剂浓度和界面传质阻力间没有关系。显然,界面阻力产生的原因还需研究。

(2) 降低界面的活性

液-液界面通常是运动的,一相中的湍流和对流容易传过界面,因而影响另一相中的传质。但某些吸附在界面的微量物质能使界面变得僵硬,界面的运动变弱,使传质系数降低。一般液滴在连续相中自由下沉的速度大于同样尺寸和密度的固体颗粒,这是因为活动的液滴表面容许液滴内部形成环流,减小了两相间的摩擦阻力。若液滴表面因表面活性剂吸附而使表面活性减弱,则液滴运动速度将降低接近固体球的水平,萃取速率也随之下降。表面活性剂也会被对流推向液滴尾部积累,这样在界面形成不利于液滴内部环流的表面张力梯度,滴内传质因此变慢。但另一方面,表面活性剂降低了液滴表面张力,使液滴容易变形,增大了尾涡的体积,这对传质产生一些有利的影响。

(3) 表面活性剂与被萃取溶质间的相互作用

已发现有些溶质会被在界面吸附的表面活性剂吸附,而且同一表面活性剂对不同溶质的阻碍作用也不同。这些发现初步表明了表面活性剂与被萃取溶质间的相互作用,从而影响了传质过程。

7.4 表面活性剂的生物降解性与环保

由于堆浸是开放性作业,场地面积大,浸出过程中使用硫酸等化学试剂,浸出时间长,所以堆浸可能对环境造成某些影响。其影响来自三方面:一是溶液的流失;二是对地下水源的污染;三是废液、废渣、废气会破坏地貌与生态平衡。因此,在堆浸的生产过程中应严格遵守"防治结合、预防为主、综合治理"的原则。添加表面活性剂之后,改变了原有的化学溶剂组成,因此在选用某种表面活性作为助浸剂之前,有必要对其的环保性能进行评价。

通常使用表面活性剂可被生物降解的程度来表征其环保性能。生物降解是指利用微生物分解有机碳化合物的过程,即有机碳化合物在微生物作用下转化为细胞物质,进一步分解成 CO_2 和 H_2O 的过程。一般情况下,表面活性剂经历了广泛的生物降解后的产物是安全的,对生物的毒性显著降低,其他有害性质亦被消除。

7.4.1 表面活性剂的生物降解过程

表面活性剂的生物降解是指表面活性剂在微生物作用下结构被破坏,从对环境有害的表面活性剂分子逐步转化成对环境无害的小分子(如 CO_2、NH_3、H_2O 等)的过程。这是一个漫长的、分步进行的、连续的化学反应过程,可分为以下三个阶段。

(1) 初级生物降解

初级生物降解是指在微生物的作用下表面活性剂特性消失所需的最低程度的生物降解作用。通常是指表面活性剂母体结构消失,典型特性发生改变。表面活性剂分子都具有反映其基本物理化学特性的某些结构官能团,在微生物作用下表面活性剂分子发生氧化作用而不再具有明显的表面活性特征,当采用一般的鉴定分析方法(如泡沫力、表面张力等)检测体系时已无基本的表面活性时,即认为此时已完成了初级生物降解。

(2) 次级生物降解

表面活性剂次级生物降解是指降解产物不污染环境的生物降解作用,即环境可接受的生物降解。表面活性剂被微生物分解所产生的生成物排放到空气、土壤、水等环境中,不干扰污水处理,不污染或毒害水域中生物的总体生存水平,可认为该表面活性剂完成了次级生物降解。

(3) 最终生物降解

最终生物降解又称全部生物降解,是指表面活性剂在微生物的作用下完全转化为 CO_2、NH_3、H_2O 等无机盐以及与微生物正常代谢过程有关的产物,成为无害的最终产物。

7.4.2 影响表面活性剂生物降解的因素

(1) 表面活性剂分子结构的影响

① 阴离子表面活性剂。几种常用的阴离子表面活性剂的生物降解率分别为:烷基硫酸盐,99.8%;α-烯基磺酸盐,99.1%;直链烷基苯磺酸盐,93.8%。烷基硫酸盐最易被生物降解,能被普通的硫酸脂酶氧化成 CO_2 和 H_2O。降解速度随磺酸基和烷基链末端间距离的增大而加快,烷基链长在 $C_6 \sim C_{12}$ 间最易降解。当阴离子表面活性剂的烷基链带有支链时难以降解,且支链长度愈接

近主链时愈难降解。实验中优选出的十二烷基硫酸钠属于烷基硫酸盐,且烷基链长为 C_{12},其生物降解度大于 90%,是一种无毒的、极易被生物降解的表面活性剂。

② 阳离子表面活性剂。阳离子表面活性剂具有抗菌性,降解能力较弱,一般认为需要在有氧条件下进行。很多阳离子表面活性剂甚至会抑制其他有机物的降解。

③ 两性离子表面活性剂。两性离子表面活性剂是所有类型中最易降解的。

④ 非离子表面活性剂。非离子表面活性剂的生物降解能力与烷基链长度、有无支链及环氧乙烷、环氧丙烷的单元数等有关。

表面活性剂的生物降解性与其分子结构的关系:① 表面活性剂疏水基团对微生物降解性的作用大于亲水基团;② 疏水基团碳链是直链的特性越显著,生物降解性越强,并且随着疏水基线性程度的增加而增加;若疏水基团碳链的端头是季碳原子,会使其生物降解性大大下降;③ 疏水基团碳链长短对降解性也有影响;④ 乙氧基链长影响非离子表面活性剂的生物降解性;⑤ 增加磺酸基和疏水基末端之间的距离,烷基苯磺酸盐的初级生物降解度增加。

(2) 环境因素的影响

① 微生物活性。微生物活性对表面活性剂生物降解具有至关重要的作用,一般微生物最适宜存活、繁殖的条件是常温、pH 近中性条件下,因此表面活性剂在此条件下也就最易分解。某些表面活性剂浓度较高会降低微生物的活性,因此需要对被处理的溶液浓度进行调控。

② 含氧量。表面活性剂的生物降解属于氧化还原反应,不同表面活性剂的生物降解过程对含氧量的要求是有差异的,有的要求需氧条件下,有的要求厌氧条件下,有的在这两种条件下都有效。一般来说,在需氧条件下降解的表面活性剂主要是阳离子表面活性剂;在需氧、厌氧条件下都能降解的表面活性剂有脂肪酸盐、α-烯基磺酸盐、对烷基苯基聚氧乙烯醚等,且在两种条件下降解速度及降解度均相差不大。

③ 地表深度。不同地表深度对生物降解直链烷基苯磺酸盐的影响研究表明,随着地层深度增加,直链烷基苯磺酸盐的浓度迅速下降。原因是微生物在不同土壤中的浓度和活性随空间的分布不同。

7.4.3　环境安全性检测

对于化学品的环境安全性,通常要在 3 个方面进行核查:① 生物降解性;② 对水生动物的毒性;③ 在生物体内的积聚。基本的生物降解性是预测表面活性剂环境安全性的良好工具,图 7-9 是一种检测生物降解率的步骤。

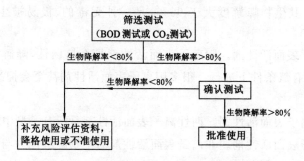

图 7-9　表面活性剂生物降解率检测步骤

在使用某种表面活性剂作为助浸剂时,可按图 7-9 中步骤进行检测,以考察其环境安全性。

参 考 文 献

[1] 陈喜山. 论堆浸工艺中溶浸液的渗透问题[J]. 黄金,1997,18(12):37-40.

[2] 曹晓平,蒋亦民. 浸润接触线的摩擦性质与固体表面张力的 Wenzel 行为[J]. 物理学报,2005,54(5):2202-2206.

[3] 樊保团,孟晋,吴沅陶,等. 用高分子聚合物型表面活性剂改善堆浸铀矿石渗透性能[J]. 湿法冶金,2004,23(4):211-214.

[4] 高玉宝,余斌,龙涛. 有色矿山低品位矿床开采技术进步与发展方向[J]. 有色金属(矿山部分),2010,62(2):4-7.

[5] 龚文琪,张晓峥,刘艳菊,等. 表面活性剂对嗜酸氧化硫硫杆菌浸磷的影响[J]. 中南大学学报(自然科学版),2007,38(1):60-64.

[6] 胡聪香,彭晓峰,王补宣. 非饱和多孔介质内毛细驱动流动分析[J]. 工程热物理学报,2008,29(10):1728-1730.

[7] 蒋金龙,杨勇,卜春文. 非离子表面活性剂对细菌浸矿能力的影响[J]. 淮阴工学院学报,2006,15(1):47-49.

[8] 金谷. 表面活性剂化学[M]. 合肥:中国科学技术大学出版社,2008.

[9] 康晓红,谢慧琴,卢立柱. 表面活性剂对锌精矿在浆萃取浸出率的影响[J]. 矿产综合利用,2002(3):7-10.

[10] 梁英教. 物理化学[M].北京:冶金工业出版社,2007.

[11] 刘金枝,吴爱祥,罗一忠. 堆浸工艺中溶浸剂的作用机理与流动特性[J]. 矿业研究与开发,2005,25(6):34-36.

[12] 刘俊. 低品位磷矿的微生物浸出研究[D].武汉:武汉理工大学,2008.

[13] 刘小文,常立君,胡小荣. 非饱和红土基质吸力与含水率及密度关系试验研究[J]. 岩土力学,2009,30(11):3302-3306.

[14] 刘玉龙,谭凯旋,胡鄂明,等. 表面活性剂在硬岩型铀矿石浸出中试验研究[J]. 金属矿山,2008(1):32-35.

[15] 陆现彩,侯庆锋,尹琳,等. 几种常见矿物的接触角测定及其讨论[J]. 岩石矿物学杂志,2003,22(4):397-400.

[16] 路文斌,刘玉龙. 渗透剂在矿泥含量较高的铀矿石浸出中的应用[J]. 矿业

快报,2008(9):105-107.

[17] 栾茂田,李顺群,杨庆. 非饱和土的基质吸力和张力吸力[J]. 岩土工程学报,2006,28(7):863-868.

[18] 罗德生. 添加增浸剂提高金浸出率试验[J]. 黄金,2001,22(7):38-39.

[19] 马荣骏. 湿法冶金新发展[J]. 湿法冶金,2007,26(1):1-12.

[20] 马荣骏. 湿法冶金原理[M].北京:冶金工业出版社,2007.

[21] 齐海珍,谭凯旋,曾晟,等. 应用表面活性剂进行低渗透砂岩铀矿床地浸采铀的实验研究[J]. 南华大学学报(自然科学版),2010,24(4):19-23.

[22] 秦波涛,王德明. 三相泡沫防治煤炭自燃的特性及应用[J]. 北京科技大学学报,2007,29(10):971-974.

[23] 孙德安. 非饱和土的水力和力学特性及其弹塑性描述[J]. 岩土力学,2009,30(11):3217-3231.

[24] 谭凯旋,董伟客,胡鄂明,等. 表面活性剂提高地浸采铀渗透性的初步研究[J]. 矿业研究与开发,2006,26(4):10-12.

[25] 汤连生,王思敬. 岩石水化学损伤的机理及量化方法探讨[J]. 岩石力学与工程学报,2002,21(3):314-319.

[26] 唐启义,冯明光. DPS 数据处理系统——实验设计、统计分析及数据挖掘[M].北京:科学出版社,2007.

[27] 唐云,桂斌旺,刘全军. 细菌浸出的试验研究[J]. 有色矿冶,2000,16(6):23-28.

[28] 王昌汉. 论溶浸液在松散矿石堆渗滤浸出中流动速度的意义[J]. 中南工学院学报,1997,11(2):50-55.

[29] 王世荣,李祥高,刘东志. 表面活性剂化学[M].北京:化学工业出版社,2005.

[30] 王贻明. 应力波强化堆浸渗流的理论与试验研究[D]. 长沙:中南大学,2008.

[31] 王印. 表面活性剂对细菌浸出矿物的试验研究[J]. 现代农业科技,2010(24):17-20.

[32] 王云峰,张春光,侯万国. 表面活性剂及其在油气田中的应用[M].北京:石油工业出版社,1995.

[33] 文书明. 微流边界层理论及其应用[M].北京:冶金工业出版社,2002.

[34] 吴爱祥,李希雯,尹升华,等. 矿堆非饱和渗流中的界面作用[J]. 北京科技大学学报,2013,35(7):844-849.

[35] 吴爱祥,王洪江,杨保华,等. 溶浸采矿技术的进展与展望[J]. 采矿技术,

2006,6(3):39-48.

[36] 吴爱祥,杨保华,刘金枝,等. 基于 X 光 CT 技术的矿岩散体浸出过程中孔隙演化规律分析[J]. 过程工程学报,2007,7(5):960-966.

[37] 吴爱祥,姚高辉,王贻明. 浸出过程中矿石颗粒表面微孔裂隙演化规律[J]. 中南大学学报(自然科学版),2012,43(4):1462-1468.

[38] 吴爱祥,尹升华,李建锋. 离子型稀土矿原地溶浸溶浸液渗流规律的影响因素[J]. 中南大学学报(自然科学版),2005,36(3):506-510.

[39] 吴爱祥,尹升华,王洪江,等. 堆浸过程溶质运移机理与模型[J]. 中南大学学报(自然科学版),2006,37(2):385-389.

[40] 吴沅陶,孟晋,陈梅安,等. 铀矿堆浸工艺中助渗剂应用的研究[J]. 铀矿冶,2007,26(2):72-78.

[41] 习泳,吴爱祥,朱志根. 矿石堆浸浸出率影响因素研究及其优化[J]. 矿业研究与开发,2005,25(5):19-22.

[42] 徐燕莉. 表面活性剂的功能[M]. 北京:化学工业出版社,2000.

[43] 严佳龙,吴爱祥,王洪江,等. 酸法堆浸中矿石结垢及防垢机理研究[J]. 金属矿山,2010(10):68-71.

[44] 杨静,谭允祯,王振华,等. 煤尘表面特性及润湿机理的研究[J]. 煤炭学报,2007,32(7):737-740.

[45] 杨仕教,杨建明,李广悦,等. 原地破碎浸铀理论与实践[M]. 长沙:中南大学出版社,2003.

[46] 张德诚,朱莉,罗学刚. 低温下非离子表面活性剂加速细菌浸出黄铜矿[J]. 化工进展,2008,27(4):540-543.

[47] 张贵文,孙占学. 微生物堆浸技术的现状及展望[J]. 铀矿冶,2009,28(2):81-83.

[48] 张卯均,余兴远,邓佐卿,等. 浸矿技术[M]. 北京:原子能出版社,1994.

[49] 张鹏程,汤连生. 关于"非饱和土的基质吸力和张力吸力"的讨论[J]. 岩土工程学报,2007,29(7):1110-1113.

[50] 赵国玺. 表面活性剂物理化学[M]. 北京:北京大学出版社,1994.

[51] 郑忠,胡纪华. 表面活性剂的物理化学原理[M]. 广州:华南理工大学出版社,1995.

[52] 朱㼛瑶,赵振国. 界面化学基础[M]. 北京:化学工业出版社,1996.

[53] 朱定一,廖选茂,戴品强. 反应型固液界面能的理论表征与计算[J]. 科学通报,2013,58(2):181-187.

[54] ÅBERG B. Void ratio of noncohesive soils and similar materials[J]. Jour-

nal of Geotechnical Engineering,1992,118(9):1315-1334.

[55] BOUFFARD S C,RIVERA-VASQUEZ B F,DIXON D G. Leaching kinetics and stoichiometry of pyrite oxidation from a pyrite-marcasite concentrate in acid ferric sulfate media[J]. Hydrometallurgy,2006,84(3): 225-238.

[56] BOUFFARD S C. Agglomeration for heap leaching: equipment design, agglomerate quality control, and impact on the heap leach process[J]. Minerals Engineering,2008,21(15):1115-1125.

[57] CLARK M E,BATTY J D,VAN BUUREN C B,et al. Biotechnology in minerals processing: technological breakthroughs creating value[J]. Hydrometallurgy,2006,83(1):3-9.

[58] DUNCAN D W,TRUSSELL P C,WALDEN C C. Leaching of chalcopyrite with Thiobacillus ferrooxidans: effect of surfactants and shaking[J]. Applied Microbiology,1964,12(2):122-126.

[59] HEISBOURG G,HUBERT S,DACHEUX N,et al. Kinetic and thermodynamic studies of the dissolution of thoria-urania solid solutions[J]. Journal of Nuclear Materials,2004,335(1):5-13.

[60] HJELMSTAD K E. Method for particle stabilization by use of cationic polymers: U.S.,4925247[P]. 1990-5-15.

[61] HOŁYSZ L. Surface free energy components of silica gel determined by the thin layer wicking method for different layer thicknesses of gel[J]. Journal of Materials Science,1998,33(2):445-452.

[62] JOHNSON D B. Biohydrometallurgy and the environment: Intimate and important interplay[J]. Hydrometallurgy,2006,83(1):153-166.

[63] KIM T,HWANG C. Modeling of tensile strength on moist granular earth material at low water content[J]. Engineering Geology, 2003, 69 (3): 233-244.

[64] LAN Z Y,HU Y H,QIN W Q. Effect of surfactant OPD on the bioleaching of marmatite[J]. Minerals Engineering,2009,22(1):10-13.

[65] LEAHY M J,DAVIDSON M R,SCHWARZ M P. A model for heap bioleaching of chalcocite with heat balance: Mesophiles and moderate thermophiles[J]. Hydrometallurgy,2007,85(1):24-41.

[66] LUTTINGER L B. Recovery of metal values from ores: U.S.,4929274 [P]. 1990-5-29.

[67] MARMUR A,COHEN R D. Characterization of porous media by the kinetics of liquid penetration: the vertical capillaries model[J]. Journal of Colloid and Interface Science,1997,189(2):299-304.

[68] VAN HUNSEL J,JOOS P. Adsorption kinetics at the oil/water interface [J]. Colloids and Surfaces,1987,24(2-3):139-158.

[69] PENG A A,LIU H C,NIE Z Y. Effect of surfactant Tween-80 on sulfur oxidation and expression of sulfur metabolism relevant genes of Acidithiobacillus ferrooxidans[J]. Transactions of Nonferrous Metals Society of China,2012,22(12):3147-3155.

[70] RAWLINGS D E. Industrial practice and the biology of leaching of metals from ores The 1997 Pan Labs Lecture[J]. Journal of Industrial Microbiology and Biotechnology,1998,20(5):268-274.

[71] RUAN R M,WEN J K,CHEN J H. Bacterial heap-leaching: practice in Zijinshan copper mine[J]. Hydrometallurgy,2006,83(1):77-82.

[72] SIERAKOWSKI M J,LEE F A. Acid leaching of copper ore heap with fluoroaliphatic surfactant: U.S.,5207996[P]. 1993-5-4.

[73] SMITH J E,ZHANG Z F. Determining effective interfacial tension and predicting finger spacing for DNAPL penetration into water-saturated porous media [J]. Journal of Contaminant Hydrology, 2001, 48 (1): 167-183.

[74] WADDELL J E,SIERAKOWSKI M J,SAVU P M,et al. Leaching of precious metal ore with fluoroaliphatic surfactant: U.S.,5612431[P]. 1997-3-18.